新光传媒◎编译

Eaglemoss出版公司◎出品

FIND OUT MORE

植物王国

石油工业出版社

图书在版编目（CIP）数据

植物王国 / 新光传媒编译. —北京：石油工业出版社，2020.3

（发现之旅. 动植物篇）

ISBN 978-7-5183-3134-5

Ⅰ. ①植… Ⅱ. ①新… Ⅲ. ①植物－普及读物 Ⅳ. ①Q94-49

中国版本图书馆CIP数据核字（2019）第035245号

发现之旅：植物王国（动植物篇）

新光传媒　编译

出版发行：石油工业出版社

（北京安定门外安华里 2 区 1 号楼　100011）

网　　址：www.petropub.com

编 辑 部：（010）64523783

图书营销中心：（010）64523633

经　　销：全国新华书店

印　　刷：北京中石油彩色印刷有限责任公司

2020 年 3 月第 1 版　2020 年 3 月第 1 次印刷

889×1194 毫米　开本：1/16　印张：7.75

字　　数：100 千字

定　　价：32.80 元

（如出现印装质量问题，我社图书营销中心负责调换）

编辑说明

“发现之旅”系列图书是我社从英国 Eaglemoss（艺格莫斯）出版公司引进的一套风靡全球的家庭趣味图解百科读物，由新光传媒编译。这套图书图片丰富、文字简洁、设计独特，适合8～14岁读者阅读，也适合家庭亲子阅读和分享。

英国 Eaglemoss 出版公司是全球非常重要的分辑读物出版公司之一。目前，它在全球35个国家和地区出版、发行分辑读物。新光传媒作为中国出版市场积极的探索者和实践者，通过十余年的努力，成为“分辑读物”这一特殊出版门类在中国非常早、非常成功的实践者，并与全球非常强势的分辑读物出版公司 DeAgostini（迪亚哥）、Hachette（阿谢特）、Eaglemoss 等形成战略合作，在分辑读物的引进和转化、数字媒体的编辑和制作、出版衍生品的集成和销售等方面，进行了大量的摸索和创新。

《发现之旅》（*FIND OUT MORE*）分辑读物以“牛津少年儿童百科”为基准，增加大量的图片和趣味知识，是欧美孩子必选科普书，每5年更新一次，内含近10000幅图片，欧美销售30年。

“发现之旅”系列图书是新光传媒对 Eaglemoss 最重要的分辑读物 *FIND OUT MORE* 进行分类整理、重新编排体例形成的一套青少年百科读物，涉及科学技术、应用等的历史更迭等诸多内容。全书约450万字，超过5000页，以历史篇、文学·艺术篇、人文·地理篇、现代技术篇、动植物篇、科学篇、人体篇等七大板块，向读者展示了丰富多彩的自然、社会、艺术世界，同时介绍了大量贴近现实生活的科普知识。

发现之旅（历史篇）： 共8册，包括《发现之旅：世界古代简史》《发现之旅：世界中世纪简史》《发现之旅：世界近代简史》《发现之旅：世界现代简史》《发现之旅：世界科技简史》《发现之旅：中国古代经济与文化发展简史》《发现之旅：中国古代科技与建筑简史》《发现之旅：中国简史》，主要介绍从古至今那些令人着迷的人物和事件。

发现之旅（文学·艺术篇）： 共5册，包括《发现之旅：电影与表演艺术》《发现之旅：音乐与舞蹈》《发现之旅：风俗与文物》《发现之旅：艺术》《发现之旅：语言与文学》，主要介绍全世界多种多样的文学、美术、音乐、影视、戏剧等艺术作品及其历史等，为读者提供了了解多种文化的机会。

发现之旅（人文·地理篇）： 共7册，包括《发现之旅：西欧和南欧》《发现之旅：北欧、东欧和中欧》《发现之旅：北美洲与南极洲》《发现之旅：南美洲与大洋洲》《发现之旅：东亚和东南亚》《发现之旅：南亚、中亚和西亚》《发现之旅：非洲》，通过地图、照片和事实档案等，逐一介绍各个国家和地区，让读者了解它们的地理位置、风土人情、文化特色等。

发现之旅（现代技术篇）： 共4册，包括《发现之旅：电子设备与建筑工程》《发现之旅：复杂的机械》《发现之旅：交通工具》《发现之旅：军事装备与计算机》，主要解答关于现代技术的有趣问题，比如机械、建筑设备、计算机技术、军事技术等。

发现之旅（动植物篇）： 共11册，包括《发现之旅：哺乳动物》《发现之旅：动物的多样性》《发现之旅：不同环境中的野生动植物》《发现之旅：动物的行为》《发现之旅：动物的身体》《发现之旅：植物的多样性》《发现之旅：生物的进化》等，主要介绍世界上各种各样的生物，告诉我们地球上不同物种的生存与繁殖特性等。

发现之旅（科学篇）： 共6册，包括《发现之旅：地质与地理》《发现之旅：天文学》《发现之旅：化学变变变》《发现之旅：原料与材料》《发现之旅：物理的世界》《发现之旅：自然与环境》，主要介绍物理学、化学、地质学等的规律及应用。

发现之旅（人体篇）： 共4册，包括《发现之旅：我们的健康》《发现之旅：人体的结构与功能》《发现之旅：体育与竞技》《发现之旅：休闲与运动》，主要介绍人的身体结构与功能、健康以及与人体有关的体育、竞技、休闲运动等。

“发现之旅”系列并不是一套工具书，而是孩子们的课外读物，其知识体系有很强的科学性和趣味性。孩子们可根据自己的兴趣选读某一类别，进行连续性阅读和扩展性阅读，伴随着孩子们日常生活中的兴趣点变化，很容易就能把整套书读完。

目录 CONTENTS

草和竹子

许多公园和花园里都有草坪，但是这些人造环境都是人们按照自己的想法制造出来的。在这些地方，植物普遍都有鲜艳的色彩、甜美的香气，只有这样才能吸引人们的注意——相反，那些多叶的绿色茎芽，通常任由人们的足底践踏。

禾本科植物的花朵小，没有香气，与兰科和百合科植物相比，它们显得有些单调。但是，全世界人口的绝大多数粮食，都来源于禾本科植物，而且在全世界所有的植被类型中，它们大约占20%。在禾本科的620多个属中，一共有1万多种植物。从北极和南极的冰冻苔原，到热带雨林中的潮湿地带，它们遍及世界各地。除了不能在海洋里生存之外，湖泊、沼泽、沙漠中，平原、高山上，都有禾本科植物，但大多数禾本科植物都分布在开阔的环境中，比如草原、牧场、苔原地区等。

▲ 这种狐尾草生长在美国的阿拉斯加。夏天，它们开小穗状花序。它们那长长的如发丝一样的谷芒（刺）在微风中摇曳，制造出了一种梦幻般的景象。大多数的禾本科植物都在每年的六七月之间开花。

▲ 这是一年生禾本科植物——大凌风草，它们生长在希腊的科孚岛上。它们那卵形的圆锥花序垂悬在纤细的茎杆上，在风中摇摆。

在5000多年的漫长历史里，人们对禾本科中的谷类作物进行种植，为人类和牲畜提供粮食。在亚洲、非洲、拉丁美洲的潮湿的热带和亚热带地区，人们在浸满水的田地里种植水稻。每一株水稻都会长出几条长长的花序。这些花序在水稻生长季节的晚期，都会成熟并变成稻米（果实）。当它们被脱去糠皮、煮熟之后，就成为全世界近一半人口的主要食物。在温带地区，小麦、燕麦、黑麦既是人类的粮食也是牲畜主要的饲料和草料。

挖出它们的根

禾本科植物都是单子叶开花植物，而且大多数都是多年生草本植物或寿命极短的一年生植物。竹子有木质茎，所以，尽管它们也属于禾本科，却常被人们称为灌木。有一些禾本科植物

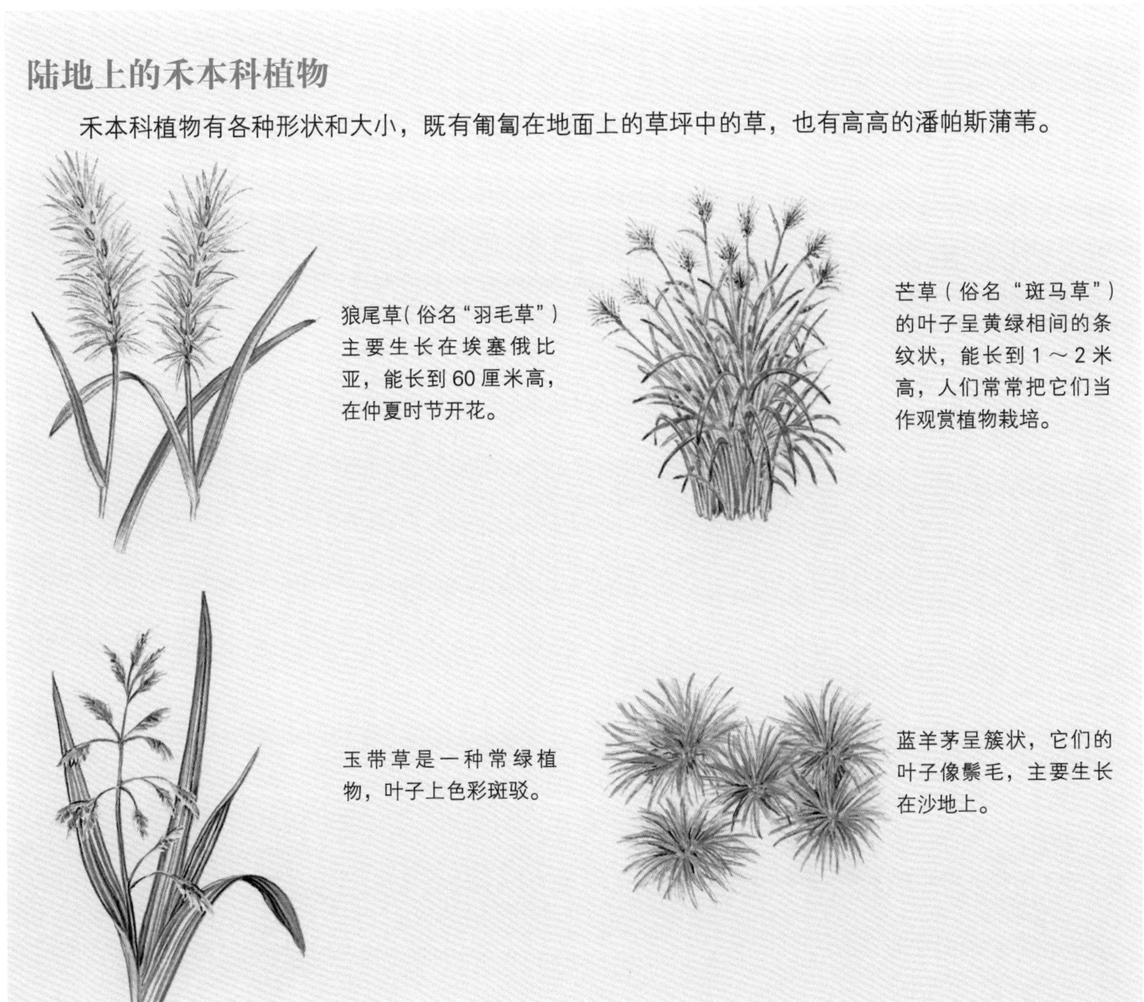

陆地上的禾本科植物
禾本科植物有各种形状和大小，既有匍匐在地面上的草坪中的草，也有高高的潘帕斯蒲苇。
狼尾草（俗名“羽毛草”）主要生长在埃塞俄比亚，能长到60厘米高，在仲夏时节开花。
芒草（俗名“斑马草”）的叶子呈黄绿相间的条纹状，能长到1～2米高，人们常常把它们当作观赏植物栽培。
玉带草是一种常绿植物，叶子上色彩斑驳。
蓝羊茅呈簇状，它们的叶子像鬃毛，主要生长在沙地上。

▲ 与生长在温带地区的禾本科植物相比，这些生长在非洲热带地区的禾本科植物，早已适应了漫长的生长季节。图中是东非的草原，这儿有100多种禾本科植物，它们为生活在这里的各种各样的动物提供了食物。在这样的干旱地区，到处都能看到狗牙根。

▲ 这种庞大的柞蚕草生长在马尔维纳斯群岛上，它们能长到3米多高。在海岸边晒太阳的海狮常把它们当作荫蔽之地。当紧邻的柞蚕草互相连在一起时，能形成巨大的像圆顶似的一簇，其直径可以长达8米。这种植物能够活1000多年。

▲ 这种潘帕斯蒲苇在南美洲很常见，尤其是在阿根廷的潘帕斯草原上。它们伴随着针茅属植物生长。它们的茎长长的，花叶像羽毛一样。

是常绿植物，有一些是落叶植物。例如，生长在北欧开阔林地中高高的多年生禾本科植物，都在温暖的夏季开花、结籽。然后，它们的茎叶枯萎，地下的根茎会在冬天封冻的土壤里休眠。

禾本科植物都有不定根，还有圆形的、直立的茎。它们的叶子能够进行光合作用，花朵的授粉要借助风的力量。禾本科植物的每一根茎都由两个部分组成——节点和节间。节点是茎上节与节之间的结合处，叶子从这里长出来。节间是位于节点之间的，或者空心，或者实心的茎。分蘖（从根部生出的幼芽）通常从茎上位置较低的节点处生长出来，从而形成茂密的一丛或一簇植物。许多禾本科植物的分蘖都与地面水平，它们要么长在地面上（匍匐枝），要么长在地下（根茎），但它们都能朝四周无限扩展。例如，经过400多年的时间，紫羊茅的地下根茎能扩展到方圆250米外的地方。

禾本科植物的叶子总是每两片沿着茎上相对的方向生长。每片叶子上都有叶鞘、叶舌和叶片。叶鞘在节点处包裹着茎，与叶脉平行的叶片紧紧连在一起。大多数禾本科植物的叶子看起来都又长又窄，像剑一样；叶子大小不一，有的只有几厘米长，有的长达5米。不过，有几种生活在热带地区，喜阴的禾本科植物，叶片呈矛尖状或卵形。针茅属植物生长在温带地区的干旱草原上，它们的叶片能防止水分流失。在潮湿的天气里，它们窄窄的叶片会展平；在干旱的时候，它们的叶片内卷，尽量减少暴露在外的面积。它们的叶子还能帮助种子散播到其他地方萌芽。每一粒种子上都有螺旋形的谷刺（芒），随着空气湿度的变化，谷刺（芒）会扭曲或者展

▲ 滨草（别名“美洲沙茅草”）依靠地下的根茎蔓延，人们通过种植这种植物来防止沙丘的侵蚀。

开。因此，如果种子被其他植物绊住，谷刺（芒）能帮助它们“脱身”，并帮助种子深深地扎入土壤。

沉默中的合作关系

禾本科植物遍布世界的原因之一是它们善于和动物相处。它们拥有独特的生长策略，即使食草动物啃食了它们的叶子或茎，也不会带来永久性的伤害。它们并不像其他植物那样在茎的顶端生长，相反，它们的茎秆会持续不断地生长。因此，如果植物的顶端被啃食，底部的茎和叶也能够继续生长。

在非洲草原上，由于不断受到角马、羚羊、斑马的踩踏和啃食，所以，那些与禾本科植物相竞争的植物的秧苗难以有生长的机会。这些与禾本科相竞争的植物，有些动物甚至还会把它们连根拔起，而没有人知道这是为什么——看起来，它们似乎在为自己的“花园”除草。例如，大象只要在草原上发现樟树，就会毫不犹豫地“砍伐”它们。它们并不吃这

▲ 风儿把一株禾本科植物的花粉囊中的花粉吹送到旁边另外一株植物像羽毛一样的柱头上。

▲ 在一些温带沼泽的浅水中，生长着茂盛的宽叶香蒲和芦苇。

▲ 在非洲博茨瓦纳的奥卡万戈三角洲，生长着茂盛的莎草。种子从3米高的尖状花序上生长出来，成熟后落入河流，再通过河水被散播出去。

些树，只是把它们弄倒在地，再继续漫游。因此，在很短的时间里，在倒下的大树周围，禾本科植物会再度繁茂地生长。

禾本科植物还与动物建立了成功的合作关系，让动物帮助自己传播种子。有一些禾本科植物的种子上有细小的钩状物，动物从旁经过时，能附着在动物的皮毛上。而绵羊、马、牛、山羊、羚羊和许多其他食草动物，则靠粪便为它们散播种子。当鸟儿携带着禾本科植物的种子飞往栖木或巢穴时，一些种子会落到地上，用这种方式，禾本科植物也能把种子传播开去。人类和犀牛甚至还能把禾本科植物的种子直接播在肥沃的土壤里。例如，独角犀把携带有种子的粪便排泄在河流的泥岸上，被河水带来的淤泥则成为种子萌芽的温床。

水草、芦苇和莎草

在被子植物中，只有少数几个品种既能在淡水中生长，也能在咸水中生长，禾本科植物就是其中之一。水草主要生长在浅浅的沿咸水域中，尤其是在热带地区。这些水草的叶片平平的，能使急流减速，从而将水中的泥沙截留。它们的根茎在肥沃的河床（海床）下伸展，它们也会开花、结籽。它们也是精良的氧合器，每平方米水草制造的氧气量是同样面积的森林制造的氧气量的两倍。蜗牛、虾、小鱿鱼和许多小鱼都生活在水草丛中，并在此觅食。也有一些水生植物被人们错

水中的芦苇

芦苇、灯芯草和莎草都是草本植物，它们主要生长在潮湿的温带和亚北极地区。

羊胡子草属于莎草家族，它的根在地下爬行，实心的茎呈三角形。

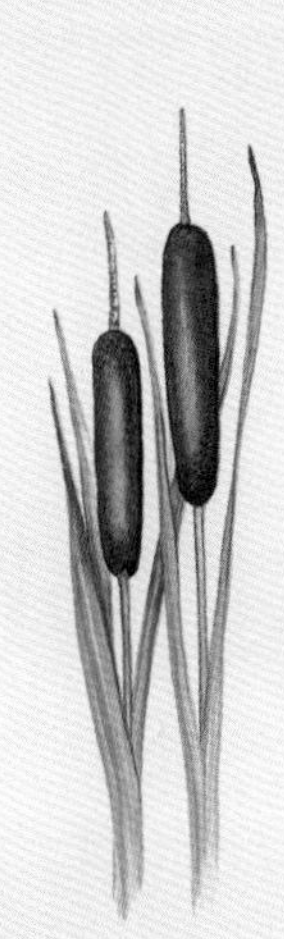

这种香蒲生长在河流或湖泊的岸边。它们的叶片长长的，有些像禾本科植物。它们的花序很高，像棍子一样。

水葱生长在15厘米深的浅水中，叶子上有条纹。叶子能长到1米高。

灯芯草生长在浅水中，它的茎通常被人们用来编织篮子和椅子。

▲ 这种绿色的海龟草主要生长在热带地区的沿海水域中。它们为100多种藻类植物和许多水生动物提供了藏身之所。

▲ 这是一种多年生的莎草属植物，主要生长在潮湿的落叶林中的阴凉的溪流边上。在干旱的夏天，它们的花朵会将花粉释放到风中，借助风的力量散播出去。

你知道吗？

打喷嚏和抽鼻子

如果你是花粉热患者，那么图中这种圆圆的、像豌豆一样的东西会让你整个夏天都抽鼻子。这些簇生在花的柱头上的花粉粒都被放大了。只要吸入一点儿，就能让花粉热患者的鼻子、喉咙、眼睛又红又痛，并导致流鼻涕、疼痛、眼睛红，还会不停地打喷嚏、鼻塞。

竹子

竹子主要生长在亚洲、非洲、南美洲的热带和亚热带地区，长有木质茎，是常绿或者半常绿的多年生植物。

这种色彩斑驳的小翠竹能长到 20 ～ 40 厘米高，是一种受人喜爱的盆栽植物，可以在花园和温室中栽种。

误地当成了禾本科植物，因为它们的茎、叶，有时甚至花，都与禾本科植物相似。莎草、黑三棱、灯芯草都生活在潮湿的环境中，它们看起来都像禾本科植物，但其实它们是多年生或一年生草本植物。在这些草本植物中，有许多都生长在沼泽、河流、湖泊、池塘的浅水之中，它们为野禽提供了栖身之地。在晚秋时节，它们结果，整个冬天，鸟儿们都靠它们的果实为生。

竹子

竹子也是一种喜欢潮湿环境的禾本科植物。许多竹子生长在南美洲、非洲、亚洲潮湿的热带和亚热带地区。在哥斯达黎加的雨林里，竹子每 24 小时就能生长 91 厘米，直到它们的茎长到 30 米高才停止生长。但并非所有的竹子都能长这么高，最矮的竹子只有几厘米高。中国有 500 多种竹子，这些竹子的茎都结实、坚韧，人们用它们制作筷子、梯子、水管和钓鱼竿。

▲ 随着竹子的生长，它们的茎慢慢在顶端散开，形成精致的拱形。许多品种，比如图中这种寿命很长的箭竹，一生只开一次花，开完花后就结籽死去。

水生植物

大约4亿年前，地球上第一种植物——海藻离开海洋，开始在陆地上定居。今天，有一些开花植物又回到了它们的远祖曾经生活过的营养丰富的水中家园。

水生植物生活在各种不同的水域中。豆瓣菜和水毛茛在激流中茂盛地生长，原产于美洲的二穗水蕹（田干草）却更喜欢池塘或者平静而蜿蜒的河流。灯芯草和芦苇生活在浅水边缘。睡莲在深水中扎根，它那充满空气的茎和叶片向上生长，伸到水面上。水剑叶（一种水生植物，原产于英国）自由地漂在水中，随水流漂浮。

从世界上最小的开花植物——无根萍（它是浮萍的近亲），到巨型王莲（它能长出50多片大大的、像木筏一样的叶子），水生植物大小各异。尽管有几种海草长着爬行的木质茎，但大多数水生植物都是草本多年生植物或一年生植物。在热带和亚热带地区，水生植物是常绿植物，终年都会生长。在寒温带和中温带的一些地方，当冬季的水面结冰时，水生植物会沉到水底潜伏起来，直到来年的春天才再度生长。

◀ 睡莲经常被人们归类为漂浮的水生植物，尽管它们的根茎有力地固着在河底泥床上。在正午时分，它们那大大的、艳丽的花朵展开，发出一阵一阵的清香，吸引昆虫前来授粉。

生活在水下

开花植物最适宜在陆地上生长。能够在水中茂盛生长的品种，其结构都已有所改良，能够适应水中的环境。大多数水生植物的茎、根、叶中的组织都像海绵一样，充满空气，能为它们提供浮力，所以它们能够浮在阳光比较充足，能够供它们进行光合作用的水下或者水面上。

在水中生长的叶片一般是窄窄的，如羽毛一样，这使得它们能够在激流中漂来漂去，而不会被激流撕裂。一些水中的野草，如大软骨草，它们潜伏在水下的叶片通常都是细细的像蛇一样。这些叶片一直潜伏在水下，它们被称为氧化植物，因为它们的叶子能自动更换氧气，这些氧气是水中的鱼儿们呼出来的。它们还会大量吸收溶解在水中的、矿物质丰富的盐分，并防止海藻开花。漂浮在水面上的叶片一般都是大大的、圆形的，通常在叶脉或叶柄上都充满空气，能够给予它们足够的浮力。

漂浮的植物

所有水生植物都有像海绵一样的、充满空气的组织，这使它们能够将氧气传输到根部，并且使植物能够在水中漂浮。

站立，让人注意
夏天，水卫士刺状的花饰和锯齿一样的叶片会长大，并朝上伸到水面上去开花。

小芽
马尿花的叶片是小小的、圆形的、漂浮着的，它们生长在浅浅的静水中。夏天，它们的叶柄上会发芽。

黄睡莲
黄睡莲坚韧的叶片大得足以支撑一只青蛙。它们的叶片和那状如白兰地酒瓶的果实，都是湖泊与运河中常见的景观。

沟渠中的野草
沼泽蓟是一种像野草一样的水生植物，生长在池塘中或者池塘边上，也生长在沟渠和溪流中。

两栖植物
拳参的茎是爬行的，既可以生长在陆地上，也可以生长在流速缓慢的水中。
合二为一
水毛茛既可生长在激流中，也可生长在静水中，所以它的叶片可以同时适应两种环境。
叶柄的芽（鳞根）会在春天形成新的植物。
水中那像头发一样的叶片，能抗拒激流，制造氧气。
水面的叶片呈分裂状。

你知道吗？

侏罗纪公园

图中这种植物名叫蚊塔，它那大大的、深绿色的、像肾脏一样的叶通常宽 2 米，高 3 米。它们生长在巴西森林中的湖泊和河流旁边。如果在这些地方观赏它们，就会如同在迈克尔·克莱顿的小说《侏罗纪公园》中旅行一样。侏罗纪公园是大型植物与早已灭绝了的恐龙的家园。

▲ 雨久花生长在热带美洲的淡水湿地中。它那颜色鲜艳的花由一种小小的、独居的蜜蜂授粉。它们的果实在水下发育。

大多数水生植物的根就像船上的锚一样，能够把它们固定在一个适宜生长的位置。例如，大叶藻在阿拉斯加半岛周围那浅浅的、沉积物丰富的潟湖中茂盛生长，在这儿，它们那粗壮的地下根能防止它们在每天两次的潮汐中被冲到海里去。其余的水生植物都会随着水流自由漂浮。它们的根仍然会吸收水分和营养物质，但却不会把它们固着在一个地方。

浮萍开花

水萍科中的浮萍是自由漂浮的植物，它们生长在静止的、停滞的淡水沼泽中。它们的组织结构早已高度改良，茎与叶合在了一起，形成没有分化的植物体，许多种类都没有根。在夏季，像绿色地毯一样的浮萍经常铺满池塘和湖泊，它们为鱼类、水鸭和其他水禽提供了营养丰富的食物。小型植物很少开花，它们能无性繁殖。它们会长出小芽，小芽最终会从母体上分离出来，成熟为 株新的植物。

狐尾藻和马尿花也会在茎上长出鳞根，在生长季节的尾声它们会掉落到水底。次年春天，

▲ 风眼蓝是从南美被引进到印度的，它们能够降低水的污染。但是这种水生植物很快就成为印度一害，人们戏称它们为“孟加拉恐怖杀手”。

▲ 水罗兰那小小的、精致的，像丁香一样的花朵，开放在它那位于水面上的纤细的茎上。在水面下，像旋涡一样的羽状叶会从茎上发芽，长长的根也会蔓延到茎上，根、叶都会从周围环境中吸收水分和营养物质。

它们会发芽成新的植物。许多水生植物还能通过破裂的茎或叶片繁殖。例如，如果一支船桨把水葫芦的一些茎叶折断了，那么分离部分通常会继续生长，在以前只有一株植物的地方，会生长出两株植物。但是，大多数水生植物都依赖花朵、种子和果实繁殖。风、水和昆虫帮助它们授粉，水流和动物会帮忙把果实中的种子散播出去。

阔叶树

阔叶树是统治植物王国的“巨人”。在它们中，有一些品种能长到100米高，有一些已经存活了4000多年。人类和这些古老的“巨人”通常有一种爱恨交加的关系，但是它们在我们的生物圈的生态中扮演着非常关键的角色。

树被分成了三类：针叶树、棕榈树，以及阔叶树。针叶树属于裸子植物，它们不开花，但要结球果。棕榈树和阔叶树都是被子植物，它们也都是开花植物。

中坚分子

所有树木的表面都覆盖着一层被称为树皮的粗糙外衣。树皮的厚度依据树木品种的不同而不同。树皮由两个部分组成：软木状的外层树皮是由死细胞形成的，能够保护树木免受真菌、昆虫、潮湿和高温的损害；外层树皮底下是内层树皮，有时也被称为韧皮，它是由活细胞构成的导管组成的，名叫韧皮部。这些导管将叶子中的营养液输送到树根。韧皮部每年都有一些细胞死掉并被添加到外皮上，它们最终会从树上完全脱落下来。在那些长着糙皮的山胡桃树，以及有细斑疤树皮的白桦上，可以观察到树皮的这种持续不断的脱落现象。

韧皮部内是更厚一些的木质部分，名叫木质部。但是，夹在韧皮部和木质部中间的，还有一层像一张纸似的细胞层，名叫维管形成层。维管形成层对树的新生组织的形成至关重要，而且这里的细胞在树的生长期内会快速地进行分裂。它们把新生组织向外添加到韧皮部，向内添加到木质部，从而使树木长得更粗。树木每年的生长量差异巨大，百合树每年能长粗7.5厘米，而栗子树一般以每年2.5厘米的速率增粗。

木质部细胞负责把重要的矿物质和水分从树根输送到树的枝叶末梢。根据木质部的结构，树木可以被分为软木树和硬木树。针叶树是软木树，它们的木质部由很多蜂巢状的环形空洞层组成；而阔叶树（硬木树）的木质部由很多圆柱状的细胞组成，这些细胞前后相连，形成了很多贯穿树干的长管状孔洞。这些孔洞被很多纤维包围着，为树干增加了额外的支撑和强度。软

▲ 非洲的猴面包树和澳大利亚的酒瓶树长有能储存大量水分的膨大树干。这些树生活在干旱贫瘠的地区，需要依靠这些"蓄水池"度过漫长的旱季。

木和硬木的名称可能会引起误导，它们仅仅用来指称木质部内部的不同结构。比如南美轻木（西印度轻木）就是硬木，来自这种树的轻质木材不仅轻，而且容易折断，远远比松树脆弱，而松树因为是一种针叶树，所以被商业性地归类为软木树。

随着树龄的增长，树干中央的木质部管道细胞会被一些树的废物，如树胶、树脂和单宁酸堵塞住。这些细胞实际上已经死了，不能向茎干中输送水分和矿物质，它们形成了一个被称为赤木质的坚韧核心。尽管它们不再是活细胞，但它们仍然是成年大树的重要组成部分——如果没有坚硬的赤木质的支撑，树木通常会坍塌。赤木质的颜色往往比周围白木质的颜色深一些，而且有着巨大的商业价值。一般说来，赤木质的颜色越深，它越致密耐用。

赤木质周围那些更年轻的木质部活细胞形成了一层白木质。小树有时没有赤木质，而树苗基本上都没有赤木质，赤木质只能通过白木质的退化才能形成。白木质向树干中输送水分的时间只限于从春到秋这段生长季节，在冬天，它仅仅相当于一个储水器。

阔叶树的叶

绿叶有一个主要目标，那就是通过光合作用为树木制造食物。与长着针形叶的针叶树相比，阔叶树长着宽大的叶子。它们叶片中的叶脉分布方式和棕榈植物的也不一样——棕榈植物叶片中的叶脉一般排列成有序的平行线（它们是单子叶植物），而在阔叶树的树叶中，叶脉是无序的复杂网络状（它们是双子叶植物）。

▲ 美国新英格兰地区的一片落叶森林向我们展示出一幅美丽的秋天水彩画，树叶中绿色的叶绿素停止了生长，让叶片中另外一些色素，如黄色和橙色的胡萝卜素，有了展示自己的机会。

树叶是水（来自土壤）和二氧化碳（由空气中过滤得来）聚合的场所，二者对光合作用都至关重要。空气经由气孔才能进入叶片，气孔是一个能闭合的开口，通常位于叶片背面。当空气通过这些开口时，叶片就吸收了二氧化碳；同时，一些水分也从叶片中蒸发出去——这就是蒸腾作用。

很多阔叶树都会在冬季落叶。那些树叶会季节性脱落的树木被称为落叶树，而这主要发生在温带气候以及旱季漫长的地区。落叶是季节性的，因为在寒冷的天气里，树根不能从土

▲ 常绿的栓皮栎长在地中海地区，因为它们那海绵状的树皮而身价不菲，图中展示的就是一堆这样的树皮。它们被广泛用于葡萄酒的生产。

▲ 大多数阔叶树在树皮被剥掉时都会死亡，因为树皮被剥掉时，树皮底下的韧皮也同时被剥了下来，但是栓皮栎很特别，如果在夏天只把它们的外皮剥掉，它们仍然可能活下来。

▲ 柚木原产于印度南部和缅甸，这种树能长到50米高。在季节分明的气候中长起来的柚木有很好的耐用性和可观的商业价值，它们被用来制作家具和船只。

壤中吸收太多水分，如果叶子继续进行光合作用和蒸腾作用，树木就可能会因失水过度而干死。

在热带地区，全年的湿气和降雨量都很大，不像温带地区的季节那样分明。因为天气缺少变化，丛生的树木并不会季节性地落叶、开花，因此属于常绿阔叶树。这些树实际上仍然会落叶，只是没那么明显。然而，是什么操纵着旧叶的脱落以及新叶的繁茂，仍然是一个谜。一些树木按照一定的时间间隔落叶，一些树木则随意落叶，一些树终年都在不断地落叶，或者同一棵树的每根树枝之间会有规律性地交替落叶。彼此相邻的品种相同的树，可能会处在不同的生长阶段，一株树开花时，另一株树可能正在结果，而第三株树则可能正在抽出新叶。

阔叶树的根

根在一株树中扮演着两个重要角色：它们不仅从土壤中吸收水分和矿物质并提供给树叶，还把树木牢牢地固定在土地上。

根和树干一样，也是由韧皮部、维管形成层和木质部组成的。随着形成层不断生出新组织，根就会更粗更长，它们的生长速率和树枝一样。大多数树都有一套混合根，包括又大、又老、又粗壮的主根和一些小根。大型的主根负责将树牢牢固定在土地上，较小的根则吸收水分和矿物质。每条根的末端都有坚硬的根冠，根冠后的细胞快速分裂，推动它向前钻探土壤。数以千计的根毛紧跟在根尖后面生出来，正是这些根毛把水和矿物质从土壤中吸收到了根中，但它们只能存活几个星期，随着根冠继续向前推进和新的根毛在后面长出，原来的根毛就萎缩、死亡。

印度次大陆上强壮的菩提树长着气生根。这些根从枝干垂到地上。它们为叶子提供营养，同时还直接支撑那些巨大的侧枝。有时，这些悬垂的树根可能比树干都粗大。在加尔各答印度植物园里有一株主干直径长4米的菩提树，它那1775条支撑根的周长相加长达412米，整株树蔓延开来覆盖的面积达1.2公顷。大型常绿阔叶雨林中通常都有板根。因为雨林里的土壤非常贫

神奇的圆圈

下图是一幅阔叶树树干的剖面图，它被分成了不同的圆圈，每个圆圈都扮演着自己的特殊角色。

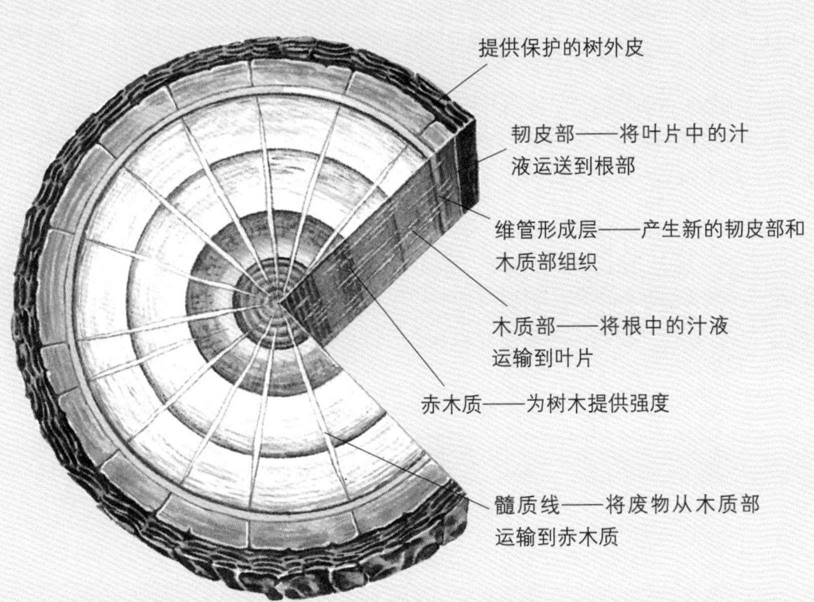

皮孔

树皮在树的周围形成了一层完整、密实的外套，但是留下了一些开口或者孔隙，被称为皮孔，这些皮孔散布在树皮上，使树皮下的活细胞能够进行呼吸。

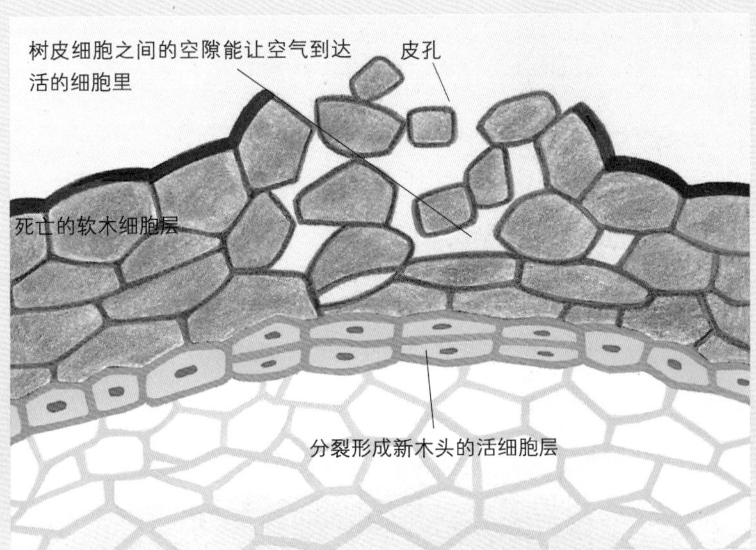

▲ 印度豆宽大的叶片形状很典型，在很多阔叶树中都能找到这种形状的叶片；穿行于叶片中的叶脉网络清晰可见。

▲ 柳树是少数几种能生长在水涝环境中的树木之一。它们开柔荑花，雌性花和雄性花开在不同的树上，并依靠昆虫和风儿进行传粉。

瘠，树木的根都很浅，它们不想冒险远离地表层的腐殖质（有机废弃物，如树叶）。支撑根始于地面上方且高于树干的地方，呈散开的扇形朝着主干的基部靠拢生长，这样能使树木更加稳定。西非的非洲杧果树和原产于热带美洲的丝绵树（木棉树）都长着巨大的、能够支撑主干的板状根。红树林生长在热带沼泽、潮汐涨落的河口或盐沼泽地里。这种环境中的泥泞土壤很潮湿，是流质的，而且含氧密度很低。为了有助于稳定，这些树一般都长成缠结在一起的灌木丛。它们的根从水面上的茎干上分生出来，根上的大气孔（皮孔）能让它们进行呼吸。

阔叶树的花

所有的阔叶树都开花，虽然有时候并不是很明显。有一些阔叶树会开颜色艳丽的花朵，如南欧紫荆和火焰

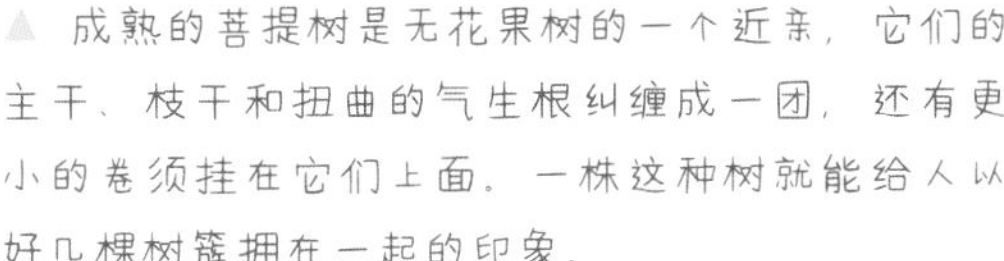

▲ 成熟的菩提树是无花果树的一个近亲，它们的主干、枝干和扭曲的气生根纠缠成一团，还有更小的卷须挂在它们上面。一株这种树就能给人以好几棵树簇拥在一起的印象。

▲ 一朵花可能是雌性的，也可能是雄性的，或者既是雄性的也是雌性的。图中的樱桃树的同一朵花里，就同时有雄性器官和雌性器官，这样的花被称为完全花。另外一些树种里，每一株树要么完全是雌性花，要么完全是雄性花。

红花树。有一些阔叶树的花色彩则比较朴实，很难加以区分。花是树的繁殖器官，它们的主要目标是受精和结果。一朵花可能是雌性的，也可能是雄性的，或者是雌雄合一的。有一些品种，如白杨树，单株的白杨树要么只开雄性花朵，要么只开雌性花朵。另外一些树，如橡树，单株橡树上可以同时开出雄性花朵和雌性花朵。而另外一些树，如樱桃树，在它的同一朵花上，既有雄性器官也有雌性器官，这样的花被称为完全花。

花粉粒必须要从雄性花朵上传递到雌性花朵上。要做到这一点，许多雄性花朵会借助于飞舞的昆虫，如蜜蜂、黄蜂和蝴蝶。由于花朵会产生蜜汁，所以昆虫会被花朵吸引。

很多森林中的树木依靠风来带走它们的花粉，所以不需要有鲜艳的花瓣、花蜜或者香味等来招引昆虫，而仅仅开着简单的柔荑花。这些花要么是雄性花，要么是雌性花，而栗子树的柔荑花是其中的例外，因为它的雄性器官和雌性器官都长在了同一朵花上。一般来说，雄性和雌性的柔荑花都长在同一株树上，如橡树、桦树、山毛榉树、桤木和胡桃。不过，柳树和白杨树的不同性别的花朵分别生长在不同的树上。柔荑花经常出现在晚冬或早春时分，在新叶长成以前开花，这样叶子才不会阻碍花粉在风中的散播——人们大约在 1 月就能见到榛树的柔荑花。一些雨林中的树木求助于居住在地上的昆虫们为花朵传粉，如蚂蚁和甲虫。这些昆虫全年都在活动，再加上这些树并不依靠季节的提示开花，所以在任何时候都适合散播花粉。通过进化，

老叶片

几乎所有的阔叶树的树叶都有一个短柄把叶片连接到枝干上。然而，桉树属的澳大利亚桉树的新叶直接和树枝相连。大约 5 年后，这种新叶会被成年叶片代替。它们比新叶更长、更细，而且有一个叶柄连接着叶片和树枝。

▶ 欧洲酸橙树开着小花，虽然这些花朵看起来并不是特别吸引人，但它们却是昆虫们的绝美佳肴，因为它们有丰富的花蜜。事实上，这种树会不停地滴下浓浓的、黏稠的蜜糖——任何一个在这种树底下站立过的人都能证明这一点。

这些树的花已经直接开到了树干上（被称为老茎开花），或者开在根上（被称为根上开花）。可可树就是一个很好的老茎开花的例子，这种树生长在拉丁美洲的热带灌木丛中，它直接在树干和主要侧枝上开花和结果。

柔荑花

有几种欧洲阔叶树开着柔荑花。雄性的和雌性的柔荑花看起来差异很大。几乎所有的柔荑花都靠风进行传粉，但是，甜栗子树的柔荑花会产生花蜜，并依靠昆虫授粉，它们在每年的下半年开花，此时的昆虫数量比上半年时更多些。

毛茸茸的雌花

雌性柔荑花的外观比雄性柔荑花的外观更加多样化，但是所有的雌性柔荑花都有茸毛状部分（柱头），用以捕获花粉。

悬挂的缨

雄性柔荑花是在风中或飘或悬的长缨，它们摇动时会抖落下大片如云絮般的花粉。

果实和坚果

一旦雌性花朵或者花朵的雌性器官成功受精，种子就会开始形成。种子经常被一层肉质果肉（果实）包围着，如李子、柿子和樱桃。果实为种子提供保护，同时也帮助种子进行散播。鸟类和很多哺乳动物吃水果和果实里面的种子。然而，种子外面厚厚的“外衣”意味着它们不会被消化，而是藏在动物的粪便中被排出体外。通过这种方式，种子被带出去，并被散播到新的地方，甚至可能被鸟类和蝙蝠带到新的国家和新的岛屿上。

另外，一些果实又干又硬，外面通常还额外包裹着一层坚硬的保护性外套，如橡子，我们称这样的果子为坚果。一些坚果，如胡桃，包着一层柔软的外壳。巴西坚果树长着直立向上

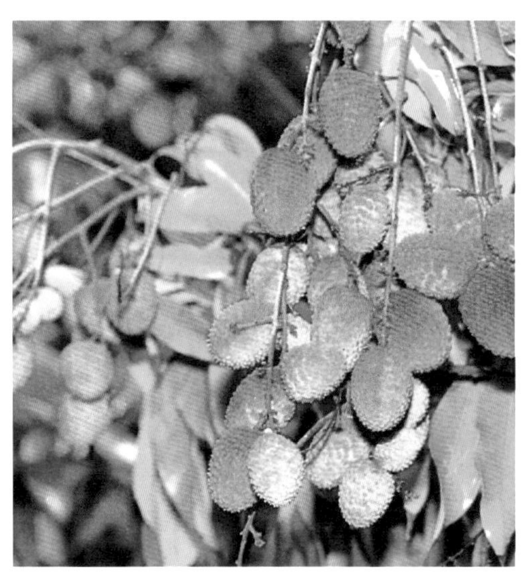

▲ 图中是一串美味的荔枝。这种水果出产于常绿的热带荔枝树上。它们的种子被白色的甜味浆果包围着。它们既能够生吃，也可以晒干后食用。

你知道吗？

特殊分子

虽然所有的阔叶树都有同样的基本结构，但是个体物种还是进化出了一些特殊的属性以适应各自生活的环境。为了能从地下深处汲取水分，沙漠里的树的主根长得很长，而且为了减少因为蒸腾作用散失的水分，它们的叶片都很小。

红树林湿地的盐度非常高，多数植物都无法忍受，但是红树林中的树木的根已经适应了这种环境，它们吸收水分时能把盐分过滤出去。

高山树木和地面保持着平行生长状态，这样能够减少它们被强风吹倒的概率。

的圆锥花序，它们会发育成大约 15 厘米长的木质棕色果实，每个果实里面都包着 12 ～ 24 颗鲜美的坚果。只有当这些木质果实从树上掉落到地上摔开后，人和动物才能有幸品尝到它们的滋味。

灌木

它们的叶片被采摘下来泡茶，它们的木质树干被砍下来用作木柴。灌木是生命力极其顽强的植物，它们在世界上的大多数生境中旺盛地生长，从地中海半干旱的灌木丛林，到北极圈的冻土地带。

园艺师们向来都把灌木当作景观设计中不可或缺的一部分。灌木与其他木本植物（如乔木和攀缘植物）一起，组成了园林中的基础设施。在它们的周围，还可以种植生命周期较短的开花植物。另外，植物学家们把灌木当成一种有用却陈旧的植物分类方法。举个例子，国

▲ 许多生长在南非灌木丛林中的五颜六色的茂密灌木，都有着小小的、粗韧的叶片。这些叶片紧贴着茎干生长，这可以防止它们在炎热的强风和烈日的炙烤下枯死。

在中非的大草原上，草地上点缀着许多抗干旱的灌木和乔木。图中的这株刺槐上长有棘刺，能够阻止食草动物的啃食。但是长颈鹿能够通过灵巧的舌头，从灌木上采摘下叶片来吃。

木兰属植物有着大大的、艳丽的花朵，在它们那白色、粉色或者奶油色的花瓣中，含有许多雄蕊和雌蕊。它们的花朵结构与早期的被子植物很相似，所以植物学家认为它们是存活到今天的最原始的开花植物。

在欧洲北部那贫瘠、干旱的石楠荒原上，石楠属植物繁茂地生长着。倘若它们的嫩芽不被红松鸡吃掉，这些开着紫花的苏格兰欧石楠能够存活40 年的时间。

际上通用的长度单位是米，而中国古代使用的单位是尺，灌木在植物学分类中的地位，就相当于尺在现今国际度量标准中的地位。灌木只是一个宽泛的说法，其中所有具体的物种，都已经根据它们的叶、花和果实的特点，按照通用的国际分类标准进行分类了。

灌木都是寿命很长的植物（多年生植物），有一根或者多根木质的茎干，这些茎干通常会在靠近根部的位置分叉，长出茂密而杂乱的枝条。大多数的灌木都是双子叶开花植物，不过也有几种针叶植物，比如密生刺柏和欧洲山松。几乎每一个双子叶植物家族中，都包含几种灌木。在木兰属、桦木属和栎属植物中，都有很多种灌木。而在杜鹃花科的石楠属植物中，几乎所有的品种都是灌木。

灌木的“骨架”——茎干和枝条通常需要多年的时间才能缓慢长成，在生长过程中，茎干和枝条的围长会逐年增加。通常来说，植物的形状和高度是由当地的气候和土壤条件决定的。桤木会在山区的树带边界附近，以多茎干的灌木的形式生长，而同样的种类也会在开阔地带的低地树林中，以乔木的形式生长。

在炎热中生长

大多数热带和亚热带地区的灌木全年都会持续生长，它们善于充分利用稳定的阳光、温暖的气候和水分。有一些灌木是野生动物们宝贵的食物资源。在昏暗的非洲雨林中，灌木会结出色彩鲜艳的果实，吸引着犀鸟、猴子和啮齿类动物前来食用。然后，灌木的种子就通过动物的粪便被散播出去了。大多数的雨林灌木都生长在开阔之地或者水流的边缘，在这些地方，光线要明亮一些，有利于它们进行光合作用。

在干旱和半干旱地区，灌木适应了水源短缺、炎热干燥的环境。落叶灌木会将叶子脱落，以休眠的状态度过整个旱季。常绿灌木有着厚厚的、坚韧的叶片，能防止植株因为蒸腾作用而散失大量的水分。有一些灌木会把水分储存在叶片、茎干和根中，还有些灌木的根能够帮助它们收集更多的水分。例如，生长在莫哈韦沙漠中的木馏油灌木的根，在土壤的表层之下，发育成了庞大的、辐射状的网络

▲ 北美杜鹃那绚丽的花朵开放在它们的枝梢上，这种喇叭状的花朵通常是雌雄同体的，它们有着4～5片花瓣，花瓣的下端连在一起，形成一根管子。

女巫的扫帚

有一些灌木，如图中这种溲疏属植物，会从地面上长出很多直立的、没有分枝的茎干，看上去有点像女巫的扫帚。溲疏属植物属于虎耳草科，它们遍布在北半球的温带地区，尤其是喜马拉雅山区和北美洲的山地中。

树状的灌木

有一些灌木的枝从主干上呈辐射状伸展出来，使它们的外形看上去就像一棵低矮的乔木。如果它们的高度超过了6米，人们通常就会把它们称为“树”而非灌木。李子树（如下图）、橙子树、苹果树、冬青树和刺槐都可以从灌木长成大树。

▲ 在地中海地区的干旱地带，很多夹竹桃生长在溪岸的石质地面上。虽然夹竹桃是一种有毒的植物，但它们经常被用作花园中的景观植物。

根出条

悬钩子属植物，如这种结满了红色果子的树莓，会在春天和夏天的时候繁茂地生长。这时，无数的根出条（从植物根部直接长出来的枝条）会从地下的根上长出来。

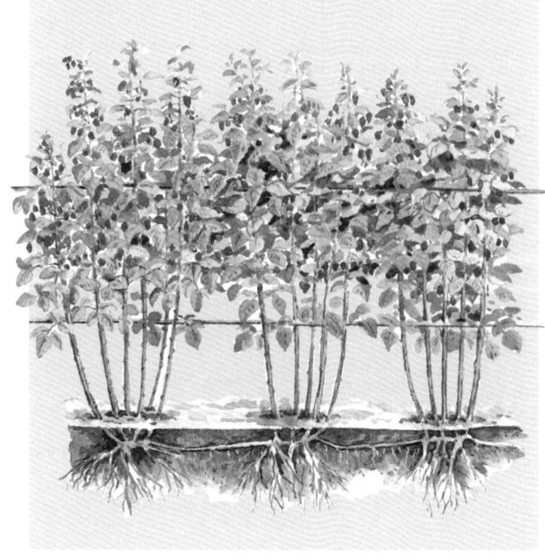

结构，这样，在降雨的时候，它们就可以尽可能多地收集雨水。根收集到的大部分水分都被储存在植株的叶片中，用来度过干旱时节。地中海地区的气候冬季温暖湿润，夏季炎热干燥，生活在这里的植物通常要想办法应对灌木丛林中的大火。在迷迭香、薰衣草、鼠尾草和百里香等灌木的叶片中，都含有芳香的油性物质，可以提高燃烧所需的温度，并且可以促使火势迅速蔓延，从而减轻大火对植物的木质茎干和地下根的损害。这样，一旦大火过去，它们还能够再度焕发生机。

在澳大利亚的西南部，灌木林地中主要生长着油桉等抗火植物。油桉的根冠尖端长有肿胀的、有节的木质块茎，里面储存有营养物质。在大火烧遍了灌木丛林后，块茎上休眠的芽就开始行动，迅速用新的茎干取代那些在大火中被烧毁的茎干。

在地中海地区茂密的灌木丛林中，灌木已经适应了炎热、干燥的夏季和强风的吹袭。桃金娘和岩蔷薇的叶子上都覆盖着蜡和油脂，杜松、金雀花和带刺的鼠李科植物都长着小小的、粗韧的叶片，能够帮助减少水分的散失。

严酷的霜冻

温带地区的灌木与当地的乔木的生长方式基本上是一样的。在晚春和夏季的几个月里，植株从树梢开始，一点点地长高，并逐渐变得葱郁起来。然后，在秋天，冬芽形成，生长停止，直到第二年春天来临。在英国，女贞、犬蔷薇、山楂、栎属树、榆木等灌木会形成浓密的灌木篱墙。在欧洲的大部分地区，鱼鳔槐和接骨木会茂盛地生长在土壤贫瘠的荒地上。茂密的榛树、鹅耳枥树、桦树和柳树在开阔的林地中生长。

在加拿大的不列颠哥伦比亚省的森林中，生长着多种多样的灌木，尤其是在那些高大的乔木倒下后，阳光可以直射到森林地面上的地方。在潮湿、肥沃的土壤中，美莓会形成一层厚实的“地毯”。它们那漂亮的绿叶和粉红色的花朵，是春天里的第一道风景。在这些花儿盛开的同时，棕煌蜂鸟也开始向北迁徙，来到这里，以花朵中香甜的花蜜为食。在比较干燥的地方，石楠家族的成员，如红果越橘，在阳光充沛的开阔地

你知道吗？

蚂蚁巡逻兵

刺槐树丛零星地散布在非洲大草原上。和许多草原植物一样，刺槐会通过各种各样的防卫机制，保护自己免受吃树叶的食草动物的伤害。它们的枝上长有尖锐的刺，能够阻止大型食草动物的啃食。而且它们还有好帮手——成群的蚂蚁会吃掉树上较小的害虫，尤其是吸食树液的昆虫。作为回报，刺槐允许蚂蚁在自己球形的、中空的尖刺基部筑巢。

在北美大盆地的大部分地区，植被稀疏地覆盖着岩石的表面。在这些凉爽的半干旱地区，占统治地位的是蒿属植物，而在碱性或盐性的土壤中生长的主要是滨藜属植物。

带和森林边缘繁茂地生长。

石楠和其他石楠属植物是大多数温带石楠荒原上的主要植被，尤其是在酸性和排水良好的土壤中。常绿的矮小灌木，如帚石楠和欧石楠，在整个欧洲地区十分常见。它们的叶片小而粗韧，紧紧地贴在枝上，在匍匐茎的帮助下向前蔓延。在东非的山区，石楠荒原上生长着 10 米高的灌木，如树状欧石楠，它们的外形看上去就像大型乔木一样，所以整片荒原给人的感觉就像是一片森林。在严寒的北极冻土地带，只有几种低矮的灌木，如矮桦和蓝莓，才能够存活下来。野生黄莓生长在酸性沼泽和泥煤苔原地带，它们可以从爬行的地下茎上，长出无数的新芽。每一株雌雄异花的黄莓都开着白色的花朵，这种花朵有四片花瓣。它们的果实是黄色的，据说味道就像烤熟的苹果一样。

▼ 图中低矮的、像毯子一样的北极柳在加拿大的北极冻土地带很常见。春天，在植物毛茸茸的叶片上，会开出单性的雄花或者雌花。在夏天的时候，种子被传播出去，并在第二年发芽——如果气候适宜的话。

热带雨林

热带雨林通常是由很多高大常青的阔叶树组成的，那里温暖而潮湿，不分四季，只有常年的高温和暴雨。这种湿润的自然环境非常适合各种植物和动物生长，从而使热带雨林成为我们这个星球上最具有多样性的生物家园。

正是热带雨林得天独厚的气候条件，使栖息在这里的各种生物能够快速地茁壮生长。这里能够充分提供生物生长所需的三大要素：适宜的温度、充足的水分和丰富的食物。在这里，土壤本身虽然算不上肥沃，但是绿色植被富含各种养分，各种死去的植物和动物很快就能转化成其他生物的养分和食物。

在热带雨林，落下的树叶、死去的植物和动物，只需要几天时间，就会被昆虫和细菌分解，然后被树根吸收，从而为其他生物的生长提供新的养料。富含养料的表层土壤其实很薄，大概也就 5 厘米，即使最高大的树木，它们的树根也很浅，经常降临的雨水，会将土壤中的矿物质和其他养料冲走。

热带雨林能够为自己提供各类养料，同时水分在这里也可以通过循环得到充分利用。这

热带雨林遍布全球，但主要集中在赤道地区，其中最大的一片热带雨林是巴西的亚马孙雨林。

◀ 长毛蜘蛛猴生活在巴西、哥伦比亚和厄瓜多尔的热带雨林里。

▼ 美洲虎通常以小鹿、懒熊甚至是巨型蜥蜴为食，它们通常会突然跃起，扑向猎物，然后咬断猎物颈部的脊柱。

里有丰富的降水，像雨伞一般的宽大树叶把阳光挡在外面，把水分留给自己。由于蒸发，水分会变成蒸汽上升，汇集成巨大的湿气团，然后又通过降水的方式，将水分送还给雨林中的各类生物，从而实现热带雨林自身的水循环。

▲ 一只绿色的蜂鸟在半空中盘旋，把它长长的喙刺进兰花，吸吮里面的花蜜并捕捉昆虫，它从地面飞到树冠找寻让自己喜爱的花儿。

树形高大

在热带雨林中，绝大多数的成年树木有 30 米高，相当于 7 辆双层大巴士叠加起来的高度。这些树木之所以能够保持树形高大挺拔，主要归功于众多的藤蔓和厚实的树根。树冠的树叶密实而宽大，阳光基本上都被它们遮挡吸收，很难照射到地面上，这样，身材矮小的树苗就会缺少阳光，很难生长。只有当某一棵高大的树木倒地以后，阳光才能照射到地面，这时，下面的幼苗才有机会拼命疯长，谁有机会最先冲到顶端，谁才有机会存活。

还有一些植物，它们的生长方式与众不同。它们通常在雨林的地面上发出枝芽，然后伸出自己身上的藤蔓，四处蔓延，一部分还会顺着高大的树木向上爬，一直见到阳光长出枝叶为止。

也有一些植物根本无须从地面生长，它们可以在水分聚集的地方生长，比如一棵树的树杈部分。它们附着在那里，从在半空中自由飘摆的树根中获取水分。因此，雨林中树木的枝叶和树干通常都会附着很多凤梨科的植物、蕨类植物、藤蔓以及其他苔藓。

▲ 至于南美的大嘴鸟，它们长着长长的巨喙——也就是它们的嘴巴，它们的大嘴巴最适合采摘野果了，而且颜色鲜艳，似乎还有其他的用途：用来传递信息、吸引异性以及吓走老鹰。

雨林中的精灵

热带雨林是一片欢腾的乐土，非常热闹。每个大陆的雨林生物都各有特色，但是不管怎样，所有的雨林生物还是有一些共同之处的。

亚马孙雨林

从树冠顶部一直到最下面的地表，雨林中的各层空间都生活着各种各样的生物。大部分植物和动物（差不多是总量的 2/3）生活在林木上面的部分，雨林里大约 80% 的食物就是从那里“生产”和“加工”出来的。

吼猴

不管黎明还是黄昏，都能看见雄性吼猴站在树冠上，为捍卫自己的家园高声吼叫，这种吼叫声能传到几千米以外。

金刚鹦鹉

这种鸟吃含有矿物质的土壤，这样，它们日常吃的水果和坚果中的有毒成分，就可以被有效化解。

长尾蜘蛛猴

长尾蜘蛛猴细长卷曲的尾巴最适合帮助它们四处活动，它们的尾巴就好像是另外一只前臂，可以用来紧紧抓住树枝。它们的尾巴比前臂还要长。

虎猫

虎猫比美洲虎个头小，但比家猫要大得多。它们和雨林中其他猫科动物一样，浑身长满花斑。它们以树为家，夜里出来捕食小的哺乳动物以及鸟类、爬行动物和昆虫等。

刺豚鼠

它们生活在地面，以从树上落下的水果、坚果和种子为食，它们会将一部分种子埋藏在树底下，这些种子又会重新长出树苗。

菌类

许多菌类生长在树上和地面，它们可以分解雨林地面上死去的植物和动物尸体。

角鹰

角鹰长着巨爪，大小和灰熊的爪差不多。角鹰就是用它们的巨爪，捕捉懒熊和其他在树干上部栖息的动物。

蓝色大闪蝶

这种巨型蝴蝶有着令人炫目的美丽羽翅，人们已经将这些美丽的羽翅用在了各种珠宝等装饰品上。

小食蚁兽

一种生活在树上的食蚁动物。它们会突袭白蚁的巢穴，然后用长长的舌头捕食白蚁。

长着三个脚指头的懒熊

吃饱之后的大部分时间，懒熊都赖在树上打盹，消化掉肚子中的树叶。懒熊每个星期才从树上下来溜达一次，目的也只是为了去方便一下而已。

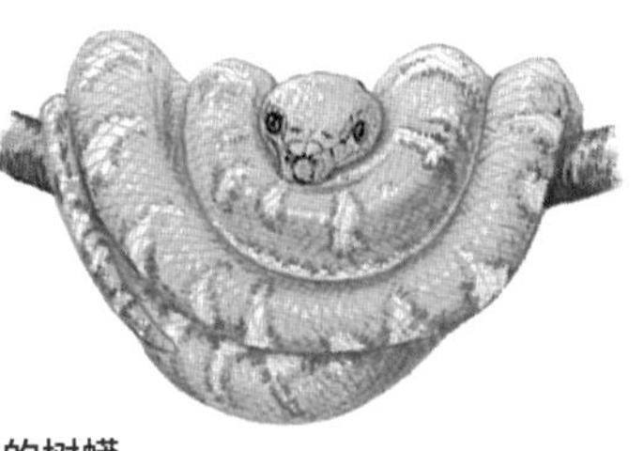

嚼树叶的蚂蚁

这些蚂蚁会把树叶搬回家，将树叶嚼碎，菌类就会在这些嚼碎的树叶上滋生出来。

草绿色的树蟒

这种蟒蛇嘴唇上带有热感应头，有助于它们捕捉小动物和鸟类，它们发动进攻时往往出其不意，然后将猎物捉住并用自己的身体将其绞死。

大蜥蜴

它们靠在水面上方的树枝上打盹，一旦发觉危险，便会从树枝上跳下来。

大开眼界

箭毒蛙

在雨林里，箭毒蛙是色彩最艳丽的动物，但也是最具毒性的动物。早期哥伦比亚的印第安人在火上烤它们，然后把箭毒蛙体内流出的毒汁涂在箭头上，这样，他们捕杀猎物就更加十拿九稳了。

千足虫

大个的千足虫和甲壳虫擅长在地上的垃圾里打洞。每棵树上都生活着上千条这样的虫子。

▲ 图中是一位来自委内瑞拉的印第安妇女。一旦雨林被毁，这些丛林居民以及他们赖以生存的生活空间，就将不复存在了。

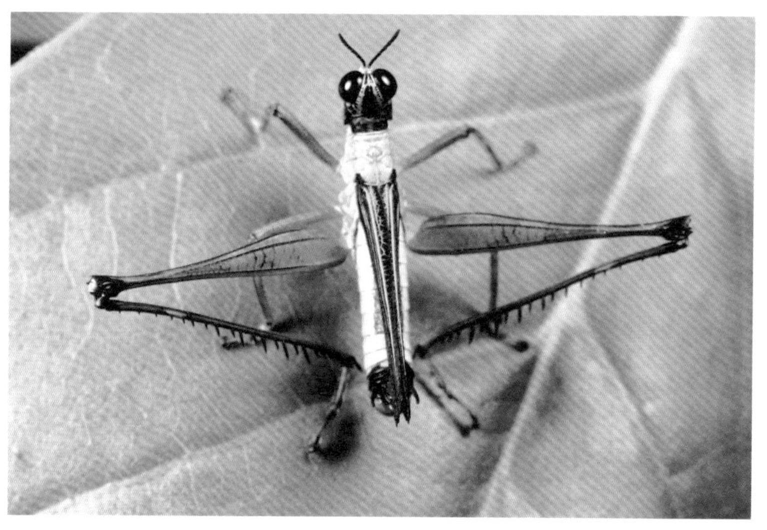

▲ 热带雨林中生活着很多昆虫，比如图中这只来自厄瓜多尔亚马孙雨林的蚂蚱。

你知道吗？

正在消失的雨林

每一年，都有一块和英国爱尔兰面积相当的雨林从这个地球上消失。人们为了种植庄稼或是放牧牲口而伐木毁林。被烧掉的林木灰会变成土壤的肥料，但是这样做带来的好处恐怕只会维持几个季节，之后，人们不得不重新迁徙别处。林木被伐之后，土壤会变得贫瘠而且丧失了屏障，土壤中的养分会很快被大风刮走，或是被雨水冲走。

雨林可分为四层栖息空间，虽然地表植被通常盘根错节，很难加以分辨，但是每一层空间都生活着具有各自特色的生物。

无论哪一片雨林，最忙碌的要算是树冠部分了，那里栖息着各种哺乳动物、鸟类和昆虫，它们各有各的行动方式：长臂猿凭借其修长的上臂从一棵树枝飞跃到另一棵树枝，疣猴靠着它长长的尾巴从一棵树上荡到另一棵树上，而长尾蜘蛛猴则用双臂、双足和长尾一步一步在树间挪动。

还有一些树可以长到 60 米高，远远超出了其他树冠的高度。这一层空间通常被称为“浮层”，为一些大型食肉鸟类提供最佳的捕食与栖息场所，比如南美的角鹰和菲律宾的食猴鹰。

树冠下面的一层，主要由一些小树、灌木及彼此缠绕的藤蔓组成。在非洲，这一层空间是黑猩猩和眼镜蛇的乐土。在东南亚，这一层空间尤其热闹非凡，因此在这里，阳光可以透过较薄的树冠照射下来，从而成为许多鸟类和花儿的天堂。

在雨林下面不见阳光的地面，栖息着个头较大的动物和昆虫。每一块大陆的雨林，都有独特的捕食者：南美洲有美洲豹，非洲有猎豹，亚洲则有老虎。在非洲的雨林里，还可以找到另外一些动物，比如巨型蜗牛、白蚁和大象，它们在雨林的地面悠闲漫步。东南亚雨林还生活着濒临灭绝的珍稀物种——爪哇犀牛和印尼巨蜥。

采伐雨林

在世界很多地方，热带雨林都面临着被破坏的危险。人们任意砍伐树木，在这里修建水电站，或是在这里采矿，而一旦将道路修进雨林，那就意味着会有更多的人前来伐木，更多的林地被开垦成农田。

人们通过焚烧林木来进行大面积的开垦，这样通常会造成大量的烟雾和二氧化碳，从而就会破坏地球大气的平衡，导致全球变暖，产生温室效应。如果小面积毁林，森林自己就可以修复，但如果是大面积毁林，大自然就难以自我修复了。一旦原先的雨林被毁掉，剩下的就只能是荒漠一片。

在哥斯达黎加的雨林中，一只红眼树蛙趴在青藤上。一些树蛙将卵产在水里的青藤植物上。

温带雨林

从美国加利福尼亚州的北部地区到美国与加拿大交界处，有一些世界上最高大的树木，它们组成了一片奇特的潮湿的森林。这里黏稠泥泞的森林地被层散发出沁人心脾的芳香，而雪松散发着淡淡的柑橘味的清香，这迷人的环境吸引了无数野生物在此繁衍生息。

并非所有的雨林都是闷热的热带丛林，也有一些雨林处于气候较为凉爽的纬度上。但是由于树木茂密、光线昏暗、地面泥泞、空气潮湿，这些温带雨林也极具丛林风情。北美洲西北海岸的温带针叶林就是典型的例子。在新西兰、日本、智利南部等地区也有温带雨林，但是这些温带雨林中的树木主要是常绿阔叶树。

▲ 位于美国华盛顿州奥林匹克国家公园中的霍河雨林，是一片潮湿的绿色针叶林，林中布满了地衣、苔藓和蕨类植物。美国西北部地区的温带雨林呈现出一种奇异的绿色，许多大小不一的动物在潮湿的森林中竞相繁殖，从茂密的森林地被到100米高处的树冠层都是它们的栖息空间。

在北美洲的温带雨林中，气候凉爽，降雨较多——年降雨量为2000～3800毫米。这里的气候由于受附近海岸以及饱含水分的太平洋信风的影响，所以雾气很重，冬季气候温和，夏季凉爽湿润。

高大的常绿针叶树是这片森林中的主要植被。高耸的针叶树上盖满了石松、苔藓和垂下的地衣——这些附生植物用自己的根从潮湿的空气中吸收营养物质。森林的树冠层常常由不同年龄的树木构成。一棵树可以长得很高，并且年龄很大——一株黄桧可能长到2000多岁。

雨林中很大一部分都是枯木。啄木鸟、山雀、蜜

▲ 暗足林鼠是世界上20多种林鼠中的一种。它们喜欢用木棍、石头和其他材料在它们的地洞旁边筑起土墩。

大开眼界

成排的云杉

西加云杉和西部铁杉在一根朽木的残留物上站成了一条直线。到达森林地面的光线非常少，小树苗不得不竭尽全力生长，因此大多数树苗都会避开地面上的浓荫而选择在倒下的树木上生长，这样它们就可以高于蕨类植物，获得更多的阳光。针叶树的树苗会在倒下的树干上面一层薄薄的腐殖质上发芽，并将根穿过木质插入土壤之中。纤维质的树皮会像海绵一样吸收水分，帮助树苗抵抗干旱。慢慢腐烂的木头可以为小树苗提供丰富的营养。

▲ 敏捷的红胸䴓在针叶树的树皮上寻找昆虫，并且会储藏大量的针叶树种子用来过冬。

太平洋上的神秘生物

位于太平洋沿岸的北美洲西北部地区终年雾气蒙蒙，空气潮湿，这里生长着西部红雪松、花旗松、西部铁杉和西加云杉之类的高大的针叶树，树上长满了石松、苔藓和地衣。剑蕨像地毯一样覆盖着地面，铁线蕨在溪岸上生长，甘草蕨从树干上萌发。喜阴植物香草、御膳橘、美莓、北美白珠树、俄勒冈葡萄和钩果草等，构成了森林的下层植被。

①西点林鸮是飞鼠、树鼠和林鼠的天敌。

②美洲狮潜伏在瀑布旁，搜寻潜在的猎物。美洲狮喜欢吃鹿，不过它们也不会放过自己偶遇的其他猎物。

③暗冠蓝鸦过着一种隐秘的生活，总是在森林中的偏远地带筑巢。它们会袭击其他鸟儿的巢，偷取鸟蛋和幼鸟。

④黑尾鹿是一种空齿鹿属的动物。

⑤白天，北美飞鼠在树洞中睡觉，到了夜晚，它们就依靠一层皮膜在树木间滑行。

⑥银大麻哈鱼正准备跳到上游去产卵。在繁殖季节里，它们会变成粉色。

⑦一只雄性北美黑啄木鸟在树桩上寻觅昆虫，只有雄鸟才有红色羽冠。

⑧蝾螈生活在潮湿的苔藓上、腐烂的木头上以及瀑布飞溅之地，在这些地方它们可以保持身体湿润。

⑨西部斑臭鼬大多数时候都在夜晚外出觅食。它们的主要目标是昆虫和小型哺乳动物，但是鸟蛋和水果也在它们的食用范围之内。

⑩树鼠在树上生活。雌性树鼠每次会产下两只幼鼠，幼鼠刚出生时看不见东西，非常无助，要完全依靠它们的父母。

⑪蛞蝓繁盛地生活在整个森林里。这种香蕉蛞蝓能长到26厘米长，靠碾磨森林地被层上腐烂的落叶为食。

▶ 庞大而凶猛的大雕鸮是西点林鸮的死敌。大雕鸮还会猎杀爬行动物、鱼类、两栖动物和臭鼬那么大的哺乳动物。

蜂、松鼠和猫头鹰都在这些腐烂的枯木中构筑家园。腐烂的木头为许多昆虫提供了食物，也为花鼠和蝾螈提供了藏身之地。

温带雨林中的动物

作为一只松鼠，北美飞鼠显得非同寻常。它是一种夜行动物，并且有着用于夜视的大大的眼睛。它以真菌为食，在冬天的时候就吃树上的地衣。

温带雨林的下层有黑尾鹿留下的踪迹，这里也是罗斯福马鹿的据点。小而敏捷的北美鼩鼱在腐烂的落叶层下面觅食蠕虫和草鞋虫。这里还有最原始的啮齿类动物——山河狸，它的前足上有五个足趾，而其他啮齿类动物的前足只有四个足趾。

▲ 山河狸生活在有许多房间的地洞中，其中有独立的“卧室”“食物储藏室”和“卫生间”。它们很少远离洞穴，主要在夜晚以蕨类植物、越橘和冷杉充饥。

在这片雨林中，蝾螈极为普遍，有时候在每公顷的土地上能找到200多只。剑螈和西部红背无肺螈是温带雨林中的主要品种。木蚁在松软的木头中为自己筑巢。在夏末的傍晚时分，长着翅膀的成年太平洋湿木白蚁会成群出动。

出海的森林居民

在美国俄勒冈州的一片森林中，一只斑海雀正在用鱼儿喂养它的幼鸟。这种鸟是海雀科的成员，大小和八哥差不多。海雀通常在海岸岩崖上或者在靠近海边的地洞里建巢，但是古怪的斑海雀会潜入海水中捕鱼，然后再飞入森林深处，在针叶树高高的树冠上栖息繁殖。雌鸟会在一根粗粗的、长满青苔的树枝上产下一枚蛋，小鸟孵出来并成长到可以离巢时，它可能要飞翔长达50千米的距离才能到达海边。

成千上万的无脊椎动物生活在森林地被层、腐烂的木头和树冠层中，其中大多数都是昆虫，包括黄蜂、甲虫和毛虫等。它们成群地隐藏着，咀嚼腐烂的木头。

许多鸟儿也生活在温带雨林中，它们有的以植物种子为食，有的以昆虫为食。此外也有西点林鸮这样的猛禽。这种鸟主要生活在古老的森林里，在北美洲，它们常常引起猎人和环保主义者之间的争端。北美黑啄木鸟会用喙敲击朽木，寻找木蚁之类的昆虫，但是它们也吃橡树果、坚果和小型水果。褐色爬刺莺从树干的缝隙中挑拣蜘蛛和昆虫，并在剥落的大片树皮后筑巢。棕煌蜂鸟在春天的时候会向北迁徙，进入森林。这种鸟以艳粉色的美莓花为食，雄鸟会疯狂地在雌鸟面前展示自己。暗冠蓝鸦、知更鸟和画眉在春天都以白蚁为食。

乔木和灌木

西部铁杉、西部红雪松和西加云杉是薄雾笼罩的海岸雨林中的主要植被。西部红雪松生长在森林中的潮湿地带，因为它的针叶上没有蜡质，很容易因为蒸腾作用而失去水分。西加云杉是一种长速极快的树种，树龄可达800多年。

巨大的针叶林树冠遮挡住了大量的阳光，但是仍然有灌木和蕨类植物在下面成功地生存下来，尤其是在那些因伐木而产生的开阔地带。美莓在潮湿而肥沃的土壤上形成了茂密的灌木丛，并结出红色和黄色的莓果。革质的北美白珠树生长在朽木上，或者土壤贫瘠的干燥地带，它们那紫色的莓果在英国常被用来制作煎饼。红果越橘是一种长在老树桩上的石楠植物。

潮湿的土壤和湿润的空气为真菌的生长提供了理想的条件。老鼠和飞鼠都能够熟练地找到地下的块菌。

东方的森林

在世界各地多姿多彩的森林里——从泰国的柚木林，到印度的季雨林和澳大利亚古老的桉树林，生活着各种各样的动物。在浓密的树冠丛中，各种鸟儿和有袋动物混居在一起；在森林的地面上，鹿和猎鸟们四处走来走去；肌肉发达的、多齿的竹鼠是一种夜行动物，专门觅食地下的竹根。

在亚洲、澳大利亚、新西兰，以及南太平洋的各陆地和岛屿上，有大量不同的栖居环境和各具特色的森林。在每一种森林中，都生活着许多与之相适应的植物和动物。

南亚的大部分地区气候炎热、丛林密布。热带低地上生长着雨林，但是在海拔较高的地区，阔叶林与热带针叶林连成一片。在热带针叶林中，有罗汉松、棕榈、桫椤（树蕨）、苏铁等植物。喜马拉雅山脉在印度北部绵延长达 3000 千米，这儿有一条温带阔叶林（它位于上面的寒带针叶林和下面的亚热带阔叶林之间）。在山脚下，生长着四季常绿的喜马拉雅雪松林。在雪松林下，叶片坚韧的杜鹃花组成了一片灌木林。

热带山区在高山带下，海拔 2000 米左右，这里有时会有成片的矮林——在开阔的地面上生长的低矮、多节的树林。在马来群岛和苏门答腊岛潮湿的矮林中，地面上覆盖着一层灰绿色的苔藓。

季雨林

如果一片热带森林中有明显的旱季和雨季，那么这片森林就是热带季雨林。这种森林主要分布在印度次大陆、东亚、东南亚和澳大利亚北部地区。在季雨林中，许多树木都会在旱季时落叶，在雨季时生长。柚木是季雨林中有名的树种，它能长到 45 米高，树干圆周可以达到 12 米。缅甸和泰国是有名的柚木产区。

在这些热带丛林中，芭蕉属植物也在疯狂地生长。这是一种茎秆柔软，像树一样的草本植物。香蕉树是一种巨型草本植物，在季雨林的旱季和雨季中，都能持续地生长。它的叶片是深

▲ 这些 树生长在澳大利亚维多利亚州，它们是所有开花植物中最高的树。有的 树甚至能长到 100 米高，远远比桫椤树高出许多。

绿色的，又厚又坚韧，能够抵抗水分的流失。

生长在东南亚的省藤（红藤）是一种特殊的、攀缘性的棕榈植物。在它们的藤蔓上，长有像针一样锐利的钩，这使得它们能够牢牢地抓住树木，向上生长。有时候，树因承受不了巨大的重量而倒下，但这些藤蔓却仍然能够在森林的地面上继续生长，绵延长达100多米。那些长得很成功的藤蔓，会最终爬出高高的树冠，沐浴在阳光中。

▲ 这只生活在日本森林中的猴子正在啃食针叶。在所有的猴子中，它们是生活在最北方的。它们生活在海拔1500米以上的山区森林中和岩石山坡上，吃各种不同的食物，包括水果、坚果和昆虫。

竹林高地

在喜马拉雅山脉的东部，生长着凉爽的温带森林，如橡树林、栗子树林、枫树林、桤树林、柏树林、月桂树林、木兰树林等。针叶树和桧属植物主要生长在海拔2700米以上的地方，在它们当中零散地分布着杜鹃灌木丛和竹林。

▲ 这头日本黑熊一边展示着它的攀爬技巧，一边在针叶林的树枝丛中咀嚼嫩枝。它是亚洲黑熊中的一个品种。在酷寒的冬季里，日本黑熊会藏在自己的洞穴中，躲避严寒的天气。

▲ 这只金丝猴生活在中国的山区森林中。尽管金丝猴是一种稀有动物，但是它们仍然成群地生活在一起。有时候，一群金丝猴有100多只。它们主要吃竹子和其他植物。

大量的中国低地森林，由于农耕和人类定居而消失。不过在生长着茂密森林的山坡上，却有着丰富的野生物。在中国的南部山区，森林茂密。在冷杉林和杜鹃灌木丛下，生活着许多奇特的珍稀动物，如大熊猫、小熊猫、白鹇、鬣羚、羚牛、金丝猴等。豚尾猴成群地生活在亚洲常绿林中，越南叶猴在越南的竹林丛中漫游。

日本南部的森林与中国西南和韩国海岸的森林相似。在日本，橡树、月桂树、茶树和其他树种的常绿阔叶林环绕着山地低坡。森林里生活着梅花鹿和日本獾。貉在林地的下层灌木丛中慢吞吞地走着，奄美兔在夜晚时分才出来活动。日本睡鼠在树上筑巢，巢的边缘用树皮装点，巢的外面用苔藓覆盖，它一次能在巢中产下 3 ～ 4 只幼崽。日本雪松在日本和中国东部的森林里茂盛地生长着，这是一种常绿树，叶片呈针状，球果上多小节。这种树的寿命很长。

在中国和日本南部地区，气候比较温暖，夏季有充足的降雨。这种气候适宜竹子的生长。这是一种巨大的草本植物，茎秆呈木质，能长到 27 米高。在潮湿的季节里，它们更是能够以疯狂的速度生长。它们的根有时一天能长 30 厘米。有些竹子一生只能开一次花，开完花后就死亡。

◀ 斑点袋鼬主要生活在塔斯马尼亚和澳大利亚东南地区的森林中。在食腐和猎捕中，它们是机会主义者。这种像猫一样大小的有袋动物，既能在森林的地面上高高地跳跃，也能敏捷地攀爬。

竹林丛中

在中国四川省的茂密的森林里，生活着各种各样的动物。在这些高海拔的森林中，珍稀的大熊猫和样子像浣熊一样的小熊猫是最著名的。

① 小熊猫

小熊猫大多数时候都在夜晚出来活动，并且占有自己的领地。雄性小熊猫通常用肛腺留下的气味来做标记。小熊猫的幼崽是在树洞中出生的。

② 竹叶青

竹叶青（一种毒蛇）在潮湿的林地边缘、竹林丛中和灌木边缘滑行。它的尾巴能够抓握，可以帮助它牢牢地抓住树木。

③ 出类拔萃

白腹锦鸡是一种华丽的、生活方式极为隐秘的猎鸟，主要以竹根、昆虫和蜘蛛为食。

④ 四川的宝贝

在大多数时间里，大熊猫都是坐着吃竹根、竹枝和竹叶的。虽然它们长得很肥胖，但是却能够灵活地爬树。

在新西兰马尔堡湾的岛屿上，鸮鹦鹉在夜晚才出来巡游。这种肥胖的、不会飞的鹦鹉在树洞和倒地的树干上筑巢。雄性鸮鹦鹉有时候会在树根下的空洞中进行求爱表演，这样它们发出的“隆隆”声才能够被传送到远处。

桉树林

在澳大利亚的西南和东南，以及塔斯马尼亚岛上的桉树林中，主要生长着橡胶树。这里有500多种橡胶树和桉树，它们形成了硬叶林——在澳大利亚的森林中，硬叶林占绝大多数。橡胶树是常绿乔木，桉树是常绿阔叶树。桉树的叶片又厚又坚韧，表面呈蓝绿色，有蜡质光泽。这些叶片边缘有芬芳的桉油，在漫长炎热的夏季里，它们与叶片上的蜡质一同防止水分流失。但这也使桉树树叶极度易燃。在林区大火中，它们能够迅速燃烧起来。这些树叶都向下垂悬，从而让阳光能够透过叶缝进入林中。这使叶面温度得以降低，减少了水分蒸发，但也意味着树下的阴凉之处不多。

桉树林有几种类型：从干燥、稀疏的桉树林，到潮湿、茂密的桉树林，各种动物生活于其中，如袋食蚁兽、袋貂、树袋熊等。琴鸟生活在澳大利亚维多利亚州潮湿的桉树林中，而黄色的食蜜雀则生活在干燥的桉树林里。白翅澳鸦成群地生活在桉树林中的开阔草地上。一群没有雏鸟的鸟儿可能会袭击自己的邻居，并通过具有催眠作用的表演，诱使邻居家刚长毛的雏鸟加入自己的群体中。

大开眼界

林中的金丝猴

据报道，在中国的山区森林中，成群地生活着好几百只金丝猴。它们生活在高高的亚热带常绿林、针叶林和竹林中。其中有的地方，全年一半以上的时间都被冰雪覆盖。在这些森林中，它们成为黄喉貂的猎物。

山毛榉林

在新西兰的低洼地区，冬季温和，夏季温暖，全年降雨丰沛。这里的大多数树木和植物都是四季常绿的，它们已经适应了在全年的大多数时候生长，只在

树袋熊能吃20多种桉树叶。这些圆圆胖胖的、可爱的、没有尾巴的有袋动物，会在树枝间慢慢移动。它们大多数时间都在睡觉。在睡觉时，通常都把自己楔入叉形的树枝之间。

▲ 在新西兰的山毛榉林中，常绿的甘蓝树不断生长出来，新西兰早期的定居者会将甘蓝树柔嫩的中心根茎采集起来，当作食物吃。

的冬季才会稍微歇息。但是，在山区，植物的生长却是季节性的。在新西兰的大部分地区，都生长着常绿的山毛榉林。桫椤也在新西兰的森林中遍地丛生。此外，山毛榉树还生长在澳大利亚、新几内亚和南美洲。在这些地方，最有名的树种是南洋杉。

在北岛温暖的北部低地，有大片的贝壳杉林。贝壳杉是一种针叶树，但是它的叶片比针叶宽。贝壳杉能够长到 45 米高，树干圆周长达 21 米，其中有一些贝壳杉可能已经有 4000 年的历史了。它们能够产出有价值的树脂，这种树脂也被称为“贝壳杉脂”，可以用来制作漆、颜料、油毯等。贝壳杉还曾被毛利人用来制作战船。

一种名叫“拉塔”的藤蔓植物在下层丛林中蔓延，它们爬上灌木，进入树冠。这种常绿木本植物只存在于新西兰地区，椭圆形的叶片平滑而有光泽，夏季的时候开红色或白色的花。林地垃圾堆中的小动物是生活在林地上的食虫动物们的食物，比如几维鸟（一种无翼鸟）会在夜晚用鼻子嗅出垃圾中的小动物，再把它们吃掉。在森林那茂密的林荫中，铃鸟和蜜雀以昆虫、水果、花蜜为食。它们也喜欢吃树叶上的水蜡虫分泌的甜甜的蜜汁。世界上最大、保存最完整的森林之一——位于新西兰的峡湾国家公园，在这里，几维鸟和鸮鹦鹉会在夜晚潜伏着觅食。

在塔斯马尼亚的高地上，有凉爽的温带森林，里面主要生长着山毛榉树和桉树。桉树是世界上最高大的开花植物，有的能长到 100 米高。在塔斯马尼亚的山地中，除了有郁郁葱葱的森林以外，还有很多沼泽和瀑布，这里是鸭嘴兽、针鼹鼠、袋獾，以及绿色玫瑰鹦鹉的家园。

北方森林的野生物

大片的北方针叶林延伸1万多千米，横跨西伯利亚地区、东欧、加拿大和美国阿拉斯加地区。生活在这些地方的野生物早已适应了漫长、寒冷的冬季和短暂的夏季。

在地球的北端，覆盖着一条宽阔的森林带。这片森林带形成了一个绕地球一周的环状，环带有时宽达 2000 千米。这片森林被称为北方针叶林，也称泰加林，它的北边是苔原带，南边是温带落叶林和草原。

北方针叶林中的树木主要是常绿针叶树。在一年中的大部分时间里，这里都覆盖着雪或霜。冬天，这里的降雪量很大，气温非常低，有时在西伯利亚中部和阿拉斯加地区，气温甚至会下降到 –60℃。可是在春天，温度有时候高达 30℃。春天，冰雪解冻会造成洪水泛滥，使大面积的北方森林变成沼泽。

▲ 这头西伯利亚虎（俗称“东北虎”）是森林里少有的猛兽。这种大型猫科动物主要以鹿、羊、野猪、猞猁、野兔和鱼类为食，也捕食鸟。这种老虎的皮毛很厚，能够帮助它们抵御寒风和 -45℃的低温。

▲ 北美豪猪是一种大型的夜行性啮齿动物。它们有着强健的弯曲的爪子，便于在针叶树的树枝间攀爬。冬天，北美豪猪喜欢吃最高处的树枝的外皮。

▶ 针叶林中生活着大量在树上钻孔的甲虫，它们的幼虫会在树皮下挖掘出纵横交错的隧道。不同的品种挖出的隧道的图案也不一样，图中的隧道是松甲虫的杰作。

北方针叶林中的树木的生长期很短，但是每年都会有一两个月的时间，气温回升到一定程度（10℃或更高），光线充足，可供树木继续生长。这片森林中的植物和动物，都时刻准备着好好利用短暂的温暖季节。光照水平和温度一旦开始回升，常绿针叶树就会迅速进行光合作用，趁势生长，而动物们则抓紧时间进食和繁殖。

阴暗的森林深处

阳光吃力地穿透茂密的树冠层，照射到森林地面上。在针叶树的根部，堆积着一层厚厚的慢慢腐烂的针叶。在地表附近，螨虫在针叶丛中穿梭，觅食真菌、针叶、腐烂的木头和微小的无脊椎动物。在森林树冠层下面，只有很少的灌木能够生长，因为光线非常稀少，土壤也非常贫瘠。在阳光可以穿透树冠层照射到地面的地方，偶尔会长出一片低矮的灌木或其他植物，比如越橘、蔓越橘、泥炭藓等。在河岸、湖畔和沼泽边上，生长着柳树、桤树和悬钩子。阴暗潮湿的地面则主要被苔藓和地衣所覆盖。

在北方森林中，也能看到像桦树和白杨这样的落叶树，但在这里占优势地位的还是针叶树。松树、冷杉、云杉都已经适应了这里艰苦的环境，它们的树枝都朝下倾斜，这样积雪就可以从树枝上滑落到地面，而不会把树枝压断；它们纤细的树干很有韧性，能够在强风中弯曲而不被折断；它们的根系很浅，可以从表层土壤中吸收水分——如果根系太深的话，就会触到地下的永冻土。

昆虫捕食者

在寒冷的冬季，温度骤然下降，食物日渐稀缺。有一些动物，比如北美旱獭，会以冬眠的方式躲避严寒。其他一些动物，比如莺，会向南方较为温暖的地方迁徙。而那些坚持留在森林中的动物，都长着厚厚的皮毛或羽毛来保暖。

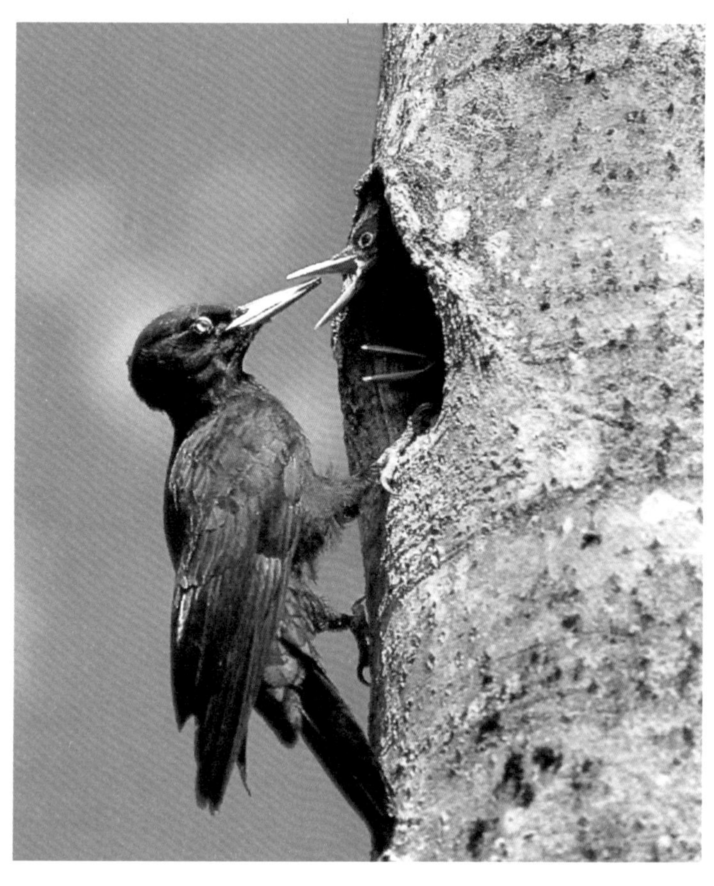

◀ 这只黑啄木鸟以甲虫幼虫、蚂蚁和木蜂为食，并在针叶树上筑巢。黑啄木鸟通常独自生活在自己的领地中，但是在生育时节，它们会成双成对地生活在一起。

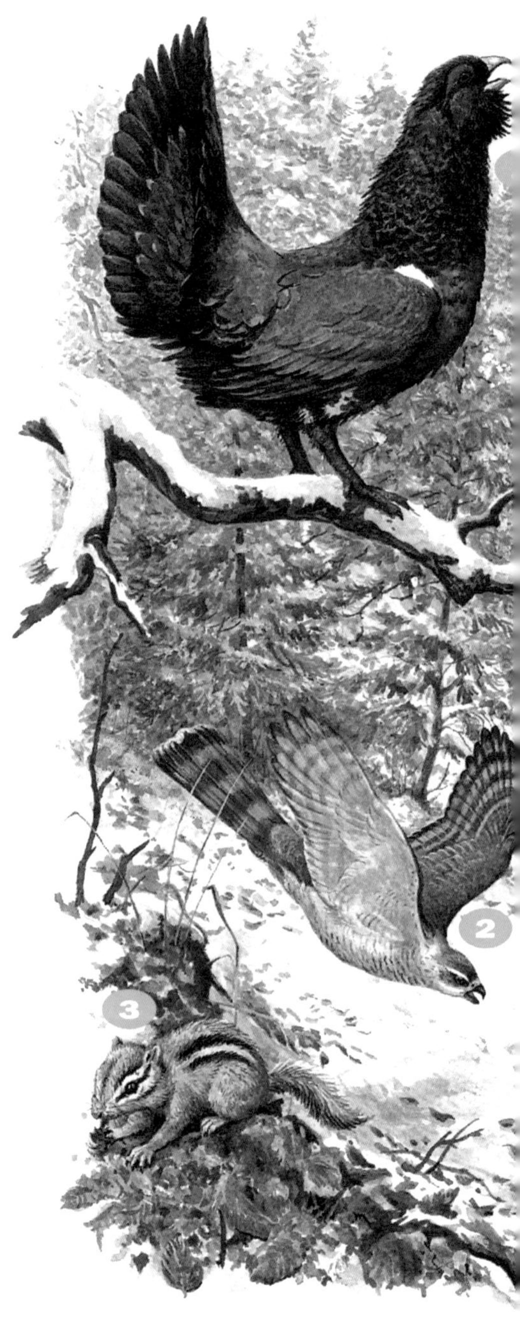

①这种松鸡的体形与火鸡类似。冬天，它们主要靠松针和松子维持生命。
②苍鹰是一种中小型猛禽，它们的翅膀很短，便于在树林中快速飞行和急速转弯。
③花鼠的颊囊中塞满了松果，它们准备将这些松果带到自己的储藏室中。
④冬天在厚厚的积雪下面，欧旅鼠依然很活跃。它们是狐狸和大灰猫头鹰的猎物。
⑤狼獾（俗名“貂熊”）长得结实粗壮，不过，由于它们长着宽大的足垫，分散了体重，所以它们可以在雪地上毫不费力地行走。
⑥西伯利亚猞猁长着厚厚的皮毛，是行动敏捷的捕食者。野兔、鼠类和各种鸟类是它们的主要猎物。
⑦狼习惯在开阔的乡野地带捕猎，不过，在茂密的泰加林里，它们也能找到足够的食物生存下去。
⑧交嘴雀用它们那弯曲的、交叉的喙，像用镊子夹取物品那样取食松子。
⑨欧亚红松鼠能将球果剥开，取出里面的松子。它们通常把松果藏在储存室里或者地下。
⑩紫貂喜欢在地面上或者树上觅食。它们有一身厚厚的暖和的“皮大衣”，甚至连脚掌都能一同包裹住。
⑪ 发现田鼠之后，大灰猫头鹰就会先在它的上方盘旋，然后迅速俯冲下来捕到猎物。
⑫ 星鸦可以用它们那强健的喙碾碎球果，获取里面的松子。
⑬ 这种驼鹿吃水生植物和浆果，也从树上和灌木上摘取树叶。它们还会吃森林地面上的植物，而且非常喜欢吃蘑菇。

秋天的泰加林

到了秋天，成群的昆虫要么死去，要么化蛹，迁徙的候鸟开始往南飞。针叶树的种子要用好几年的时间才能在球果内部慢慢成熟，因此，它们是常年性的食物，对那些冬天仍然滞留在森林中的鸟类和哺乳动物非常重要。森林中的捕食者则在覆盖着积雪的森林地面上或者树冠层中静静等候它们的猎物。

▲ 大片的森林中也散布着一些湖泊。夏天，当湖面不结冰的时候，许多水鸟都生活在这里。图中繁殖期中的红喉潜鸟会竭尽全力为它的两只幼鸟找到足够的食物，然而，常常会有一只幼鸟不幸死去。

▲ 这只雌性马尾姬蜂正在松树的树干上产卵。雌性马尾姬蜂能嗅出甲虫的幼虫，并用产卵管刺入它们身体里产下自己的卵。一旦姬蜂的卵孵化出来，它们就会吃掉自己的寄主。

当春天来临，森林开始转暖的时候，成千上万的昆虫幼虫、毛虫以及类似的小动物开始尽情享用嫩芽、针叶、树干、树皮和树液，而高等动物也开始疯狂觅食上述小动物。

夏天，北方针叶林里充满生机，吸血的昆虫会四处寻觅哺乳动物，趁机吸食它们的血液。大量的蚊子和蚋会在池塘和沼泽上滋生。这些昆虫又吸引着大量的候鸟前来进食。食虫的候鸟，比如莺和霸鹟，会在这里大量进食，然后再迁往南方过冬。

对凤头山雀、北山雀和绿鹃来说，昆虫是它们最为丰富的食物资源。戴菊啄食树皮上的昆虫及其幼虫。三趾啄木鸟在树干上凿洞，觅食昆虫及其幼虫，而绿啄木鸟则袭击红木蚁的大型巢穴。甚至连以浆果和种子为生的鸟，比如朱缘蜡翅鸟、松雀和松金翅雀也会尽情享用夏天的昆虫。

在森林里，爬行动物和两栖动物都很稀少，不过这里也生活着几种青蛙，它们通过假死状态度过寒冷的冬季。在冬天，它们的身体会被冻结，呼吸停止，心脏也停止跳动。第二年春天一到，它们的

你知道吗？

丰盛的植物大餐

在北方针叶林中，针叶树是食物链的基础。蛾子和锯蜂幼虫以针叶为食，在冬天食物短缺的时候，松鸡和枞树鸡也吃针叶。木蜂和松锯蜂的幼虫会直接食用树干，而北美豪猪喜欢吃树液丰富的内层树皮。许多动物都以针叶树的种子为食，比如松鼠、小型啮齿动物，以及各种各样的鸟。每种动物都用自己独特的方式将种子取出来。

身体就会解冻，再次活蹦乱跳起来。

在北方针叶林中，生活着许多种类的鹿，这里鹿的品种比其他生物群落中丰富得多。驯鹿、红鹿和驼鹿都在这里找到了藏身之所，不过针叶林中没有太多的食物，所以它们倾向于在开阔的地带，如小片的阔叶林中、湖边和河畔啃食小树苗、灌木、青草和苔藓植物。鹿又为像狼这样的大型捕食动物提供了美餐。春天，棕熊也可能会吃鹿，尽管它们通常以浆果、坚果、昆虫、啮齿动物、鸟类和鸟蛋为食。

▲ 这头巨大的棕熊正在幽暗的密林深处四处游荡，寻找食物。它们以各种各样的浆果、坚果和种子为食，还会为过冬储备食物。到了10月，它们就躲入洞穴中沉沉地睡去。

松鼠是松树林中最典型的居民。在森林地面上，旅鼠和田鼠以树皮、嫩芽、浆果、蘑菇和种子为食。河狸则穿梭在森林中比较潮湿的地区。森林还是几种鼬科动物的家园，它们都是长着厚厚皮毛的捕食者。其中最大的是狼獾，这是一种凶猛的捕食者。松貂和美洲貂都非常敏捷，能够在树枝上飞奔，追捕松鼠和鸟类。

空中的捕食者有雀鹰、苍鹰等。大灰猫头鹰是夜间捕食者，它们喜欢吃田鼠。在森林地面上，还能看到黑琴鸡、枞树鸡、花尾榛鸡和松鸡。它们不太挑食，当夏天昆虫丰富的时候就吃昆虫，而冬天就以松针为食。

温带落叶林

从枝叶繁茂的树梢，到铺满落叶的地面，森林总是伴随着生命一起令人震颤。古时候的森林曾经是以猎鹿为生的德拉瓦人和休伦湖印第安人的生活中心，而且是凯尔特德鲁伊教的祭司心中的圣地。而今，现代的森林与林地野生动植物联系在了一起。

茂密的阔叶硬木林地6000年前曾经在北美洲、欧洲和亚洲的大地上广泛存在，今天却只剩下一小片一小片的地带了。现代的温带落叶林是经过了人工管理和修整的混合物，在城市和农田的包围下，它们已经濒临消亡，不过这些林中的树种依然十分丰富，树林中还生活着各种各样的野生动植物。

▲ 这些红褐色的、绯红色的、淡黄色的色彩缤纷的树叶在北美洲的森林里，营造出一幅引人入胜的秋天奇观。

▲ 在树皮粗糙的欧洲原始森林中，几只欧洲野牛行走在积雪的林地上。现在，由于受到波兰比亚沃韦扎森林的地域限制，这些以橡树、榆树和柳树的枝叶为食的多毛的庞然大物，在冬天里只好改吃橡子和灌木。

生活在温带落叶林中的生物受季节的影响。这里的动物和植物必须要适应温度的变化，但它们受森林湿度的影响不大，因为这里的全年平均降水量一般在 50 ～ 130 厘米，而且没有旱季。

在温带落叶林中，夏季很温暖，而且会持续 4 ～ 6 个月；冬天则相对温和。森林里常常下雪，不过温度很少会降到零度以下。但是，每年一次的寒冷季节会对生活在森林中的野生动植物产生一种戏剧化的影响。树根不能从冰冷的土壤中正常地吸收水分，因此很容易受到冬风和霜冻的侵袭而变得干枯。所以，为了储存水分，这里的树木每到秋天就会落叶。在冬天，它们会基本上停止生长，依靠储存在根部、树干和枝条里的养分生存。冬天可供动物果腹的食物也很少，而动物们也逐渐掌握了在这种条件下生存的本领。

从树顶到树底

在遍布于欧洲、亚洲和北美洲的温带落叶林中，包含着种类相似的树木。橡树、山毛榉、枫树和山胡桃树是北美洲最常见的树种；而山毛榉、栗树和椴树是欧洲的典型树种。

灌木层是由各种各样的灌木组成的，既有灌木树苗，也有完全长成的灌木，如枫香、美国鹅掌楸、七叶树、朴木、荆棘和山楂。

弗吉尼亚州森林风光。

弗吉尼亚州的光荣

美国东部地区的森林具有独有的特征和野生动植物，但是森林的结构体系却是典型的温带落叶林结构。高高的大树在大约 30 米高的空中形成了一层叶片繁多的树冠层，下面是由灌木和小树苗组成的 5 ～ 10 米高的灌木层。而洒落在地被层上的阳光又促使由花、蕨类植物和藓类植物组成的草本层繁茂生长。

在第 60 ～ 61 页描绘弗吉尼亚州森林风光的彩图中，出现了以下动植物：

①弗吉尼亚负鼠及幼鼠
②东美花鼠
③红眼绿鹃
④黑顶山雀
⑤小黑熊
⑥蜡嘴雀
⑦条纹鹰
⑧啄木鸟
⑨鸣角鸮
⑩八斑虎蛾
⑪橡树
⑫褐短嘴旋木雀
⑬白尾鹿和幼鹿
⑭山猫
⑮响尾蛇
⑯赤狐
⑰普通火鸡
⑱紫色的延龄草
⑲加拿大臭鼬
⑳鹿鼠
㉑赤莲
㉒斑点钝口螈
㉓红花七叶树
㉔鹅掌楸
㉕弗吉尼亚蓝钟花

樱草、蓝钟花、紫罗兰、兜状荷包牡丹、紫色的延龄草，以及许多地面植物，都会在春天的阳光下迅速开花，而这时，树枝却还都是光秃秃的。

每逢年末，一些喜阴的植物，如常春藤和冬青树，覆盖在地面上，就像一层绿色的地毯。

在地面植被之下，是一层厚厚的由落叶构成的枯枝落叶层（又称死地被物层，是在森林土壤矿质土层上由死亡植物及其他不同分解程度的有机物质构成的有机质层）。到了冬天，枯枝落叶层会形成一层绝缘层，就像一层专门为冬眠的猬科动物和休眠的地面植物准备的毛毯。

随着春天来临，气温上升，各种细菌、真菌和其他的分解者（能够将动植物的尸体分解成无机物的生物）会繁殖并开始活动。潮湿的枯枝落叶层逐渐腐烂并形成一层厚厚的腐殖质（被分解的植物和动物体）。穴居的虫子和无脊椎动物会搅拌这些腐殖质，从而制造出一种深色的土壤，被称为棕壤。随着雨水倾泻而下，地面的水分又在蒸发作用下消散，土壤中的营养物质会连续不断地循环。

苏醒的春天和夏天的生命

当温暖的春天取代了严寒，森林中的动植物们也开始精力充沛地忙碌起来。树木开花，它们主要依靠风为花朵授粉，也有一些花朵会吸引昆虫来为它们授粉。

茂盛的树冠生长着，许多小型生物开始以树叶为食。毛虫、甲虫和苍蝇的幼虫（蛆）主要通过咀嚼方式进食，而桃蚜和其他种类的蚜虫则完全采用吸食方式。

大量的昆虫吸引了许多鸟类，包括鹟和山雀科鸟类。燕子把嘴张得大大的，猛冲进一大群飞虫中猎食。绿鹃在高高的树冠上的树叶中捕捉猎物；柳莺则在树木的低处觅食。旋木雀和五子雀在树干上到处啄凿，寻找树皮中的昆虫。啄木鸟也利用卷在头骨中的巨大的舌头，探查树干寻找昆虫。苍头燕雀、蜡嘴雀和锡嘴雀则会掠食大量的树芽和种子。

春天也是主要的生育季节。小狐狸、雏鸟、蝌蚪等各种小动物在森林中学会单独行动。弗吉尼亚负鼠的幼崽在刚出生时比蜜蜂还小。不满一岁的小鹿们身披着斑点“外套”，这可以让它们在阳光点点的林地中将自己伪装起来。

随着夏季的来临，动植物也获得了更多觅食和生长的能量。尽管夏天的阳光很明亮，但是森林里那浓密茂盛的树冠却遮挡住了大部分阳光。幼蛙爬出它们生长的池塘。毛虫、浆果、蔷薇果和山楂为鸟类和其他动物提供了丰富的食物。从未离过巢的雏鸟飞向空中，顽皮的小狐狸也熟练掌握了狩猎技巧。而像浣熊这样投机取巧的动物会四处搜寻水果、种子、蛋和昆虫，有时还能抓到鱼、蛙和螯虾。甲虫、蜘蛛、蟾蜍、蝾螈和蜥蜴则在枯枝落叶层上爬来爬去，捕食以落叶和土壤为食的生物。

秋天的生命和冬天的林地

秋天是一个忙碌的时节。树木开始落叶准备过冬，动物也开始为即将来临的严寒做准备。松鼠把采集到的橡子和山胡桃藏起来，欧洲的林鼠和美洲的鹿鼠开始往巢中储存种子和坚果。一些猛禽，如美洲雀鹰，开始在美国东部的森林里搜寻啮齿类动物。在浓密的欧洲林地里，灰林鸮开始在夜里搜寻老鼠和田鼠。

伶鼬、林鼬和白鼬是凶猛的森林猎食动物，它们以小型哺乳动物和鸟类为食。稀有的欧洲山猫也吃蛙和鱼。但是大型的森林猎食动物却很少见，因为它们需要非常广阔的栖息地。不过，在西伯利亚和中国北部地区，那些尚未有人进入的原始森林里，有东北虎在四处游荡，它们是老虎中体形最大的一种。

蘑菇和伞菌是真菌的再生体，它们的外表奇异而美丽。常在童话中出现的捕蝇菌就像一把红底白点的雨伞，竹荪长着会散发出臭味的菌盖，它们会不可遏止地在空中飘荡。松鼠、猪、熊、老鼠和许多其他的林地动物都会借着茂盛的真菌饱餐一顿。

临近冬天，像鸣禽等鸟类会迁徙到相对温暖的地方。有些动物则会留下来，在寒冷的天气里勉强维持生存。美洲的白尾鹿、欧洲的马鹿和亚洲的梅花鹿则以树叶、草、地衣和真菌为食。野猪四处寻找它们能吃的一切东西，山雀在树枝上寻找昆虫和虫卵，而其他鸟则以残留的植物芽和浆果为食。

▲ 一只马铁菊头蝠在夜间通过回声定位来寻找昆虫。菊头蝠会在秋天吃下大量的昆虫，当冬天地面上的昆虫很少的时候，它们就成群地在洞穴中冬眠。

▲ 这只四处寻找山毛榉坚果和橡子的松鸦正在林地中的空地上跳跃着前行。松鸦在秋天收集、埋藏坚果，到了冬天再把坚果挖出来吃掉。而那些没有被它们找到的坚果，则会在春天的时候发芽、生长。

◀ 图中这只身披条纹伪装的小野猪正在一簇蘑菇中嗅来嗅去。生活在欧洲和亚洲森林里的野猪大多是食草动物，不过偶尔它们也会吃点肉。

▲ 当雨滴溅落在成熟的马勃（菌）上时，这些真菌就会从地被层中射出孢子。到了秋天，会有大量真菌在地面上生长出来，并像支架一样贴附在树干上。

枯枝落叶层中的小虫子

枯枝落叶层中总是充斥着跳虫、木虱、蚯蚓、蜘蛛、甲虫、蜈蚣和千足虫，如图中这条肥肥胖胖的田纳西种的千足虫。

死去的植物和动物与落叶混合在一起，而成千上万的微型动物会分解这些废物，并将其中含有的重要化学物质返还给土壤。

▲ 亚洲貉的外形与浣熊酷似，但实际上它们之间没有任何关系。在冬天的时候，它们会处于蛰伏状态（类似于熟睡的无意识状态），以保存身体能量。

睡鼠不会像其他啮齿类动物那样储存食物，它们会冬眠。它们会在秋天变胖，并在深沉的睡眠中度过冬天。不过鼩鼱却会继续在土壤中到处挖掘寻找昆虫，它们每天都必须吃东西。松鼠和獾变得昏昏欲睡，而且大多数时间都在洞穴中打盹，而此时很多的鸟则依靠体内的脂肪生存，这些脂肪是它们在夏天通过捕食大量的昆虫储存起来的。生活在茂密的亚洲森林中的貉，冬天的大部分时间都在洞穴里睡觉。外出活动时，它们会在夜晚悄无声息地猎捕昆虫、鱼和蛙，因为它们是唯一一种完全不会叫的犬科动物。

石楠树丛

荒凉、粗糙、开阔的欧洲沼泽，往往是石楠花繁盛的地带。石楠是一种特别的灌木或小乔木，它们那紫色的树荫下，是大量沼泽生物的家园。

石楠荒原和沼泽是北欧国家富有特色的灌木生长区。这些开阔的地带曾经被森林覆盖着。后来，人们持续砍伐森林长达几个世纪，把林地开伐成牧场来饲养动物。这些食草动物阻止了大树再次生长，于是这片土地被生长速度极慢的、石楠之类的灌木丛覆盖了。而沼泽地上生长着大片的石楠、粗韧的杂草和莎草。

石楠荒原主要位于那些土壤疏松、干燥、多呈沙质的地区，比如英国南部。我国的石楠主要分布在长江流域及秦岭以南的平原及丘陵地区，日本、菲律宾、印度尼西亚也有分布。而英国的苏格兰地区也以大片美丽的石楠花沼泽而闻名。沼泽地的土壤很厚而且非常潮湿，经常浸

▲ 毛茸茸的羊胡子草生长在捷克斯洛伐克的沼泽地上。德国境内也有几处长满石楠、杜松和越橘的丘陵荒原，荷兰和比利时等地也有面积广阔的石楠荒原。

满了水。沼泽地通常位于高海拔地区，与石楠荒原相比，它们较为寒冷，而且降雨量更大。

石楠属植物

石楠荒原和沼泽地都是荒凉的、疾风横扫的地方。石楠和它的亲戚们是这里的主要植被，它们都是小叶的木本植物，紧贴着地面生长。小巧、蜡质的叶片能够防止它们通过蒸腾作用丧失过多的水分——蒸腾作用会由于风的原因而加速。大多数石楠属植物都开着小小的钟形花，由蜜蜂帮助授粉。

石楠主要有两种：帚石楠和欧石楠。由于生长地的土壤呈酸性而且十分贫瘠，所以石楠的生长速度极为缓慢，它们不需要太多的营养。在酸性的土壤中，几乎没有几种细菌能够生存，因此死去的植物不会腐烂，于是就在地面上形成了厚厚的被称为泥煤的有机土壤。石楠荒原中的泥煤只有薄薄的一层，而沼泽地中的泥煤厚度可以达到 10 米深。

石楠荒原上的动物

草和蕨类植物一起构成了典型的石楠荒原植被。欧洲蕨、剪股颖草和羊茅草生长在干燥、肥沃的土壤中，发草生长在干燥、贫瘠的土壤中。开着金黄色花朵的荆豆为这片土地增添了色彩，但也使荒原布满荆棘。

石楠灌木丛为很多动物提供了食物和藏身之所。它们多汁的浆果，包括蔓越橘和蓝莓，被各种鸟类和小型哺乳动物抢食。

石楠荒原还是许多蜘蛛的家园，它们在灌木丛中觅食并编织出像帐篷一样的丝质蛛网。豆灰蝶在荆豆花上产卵。伪装得很好的青虫和皇蛾的幼虫躲藏在石楠树丛中。在这里，沫蝉的幼虫也藏身于它们那满是泡沫（杜鹃的唾液）的巢穴里，沫蝉的成虫则吸食石楠的汁液。蜻蜓在沼泽的上空飞舞，成百上千的蟋蟀和蚱蜢在夏季里唱歌。

许多种类的甲虫，比如金龟子和虎甲虫，在荒原里徜徉。在干燥疏松的土壤中，生活着大量的蚂蚁。野兔会在沙质土壤中挖掘出大片的洞穴，有时候，它们会将蚁丘作为自己的瞭望台。精力旺盛的绿色雄性沙蜥会在繁殖季节里为争夺雌性而进行战斗。蜥蜴和蛇的食物包括大量的昆虫，以及地栖鸟巢中的蛋。游蛇主要以荒原上的蜥蜴为食。小型哺乳动物在石楠荒原的边缘追逐着自己的猎物。

夏天的石楠荒原

夏天，大片粉紫色的石楠花和黄色的荆豆花是动物们的天堂。大量的昆虫在这里繁衍，同时也为哺乳动物、鸟类和爬行动物提供了丰富的食物。

①锉刀一样的腿

太阳一出来，雄性蚱蜢就会用后腿摩擦翅膀，开始唱歌。

②吃荆豆花的毛虫

吃荆豆花的豆灰蝶幼虫在英国的石楠荒原中不太常见。

③碰撞的卵石

野翁鸟是荆豆花丛中的常住居民，它发出来的叫声就像是卵石相击的声音。

④悠闲地吃草

羊、鹿和牛在这里啃食石楠、草和其他的荒原植物。

⑤高空的歌声

雄性云雀一边唱歌一边飞向高空。当它飞到最高点时，它那清脆、婉转的歌声会传遍整个荒原。

⑥罕见的“刺客”

红背伯劳鸟会把它的猎物“钉”在多刺的灌木上。

⑦好动的摔跤选手

每年 4 月，雄性蝰蛇从冬眠中苏醒过来以后，就会为争夺雌性而斗成一团。

⑧羞涩的日光浴者

羞涩的普通蜥蜴会来到温暖的岩石上晒太阳。但是只要有一丝微弱的噪声，它就会立即消失。

⑨无腿的蜥蜴

这种行动缓慢的动物既不是虫子，也不是蛇，而是无腿的蜥蜴。它喜欢吃蠕虫和蛞蝓。

⑩突袭兔子

野兔会啃食荒原中的草和其他植物。它们长长的耳朵能及时听到秃鹰发动袭击的声音。

黏黏的茅膏菜会分泌出汁液，将它们诱捕到的昆虫消化掉。然后，它们再将这种富含营养的"肉汁"吸收进体内。

大开眼界

沼泽中的发现

有时候，人们能在泥煤沼泽中发现保存完好的树桩，这是因为那里的腐烂速度非常慢。在泥煤沼泽中，有时还能发现一些神秘的景象。数十年前消失在沼泽中的奶牛又重新浮现出来，而且形状清晰完整。人们还曾经在沼泽中发现了一个海盗，他的脖子上拴着一根绳子，鞋和帽子仍然穿戴整齐。在他已经革化的皮肤上，甚至还能找到几根汗毛。从他的脸上可以看出，他死时的表情极为痛苦。20 世纪 80 年代，人们又在英国柴郡的沼泽中发现了一个人的尸体。

荒凉的沼泽地

沼泽地中生长着大量的地衣和苔藓，在石楠花中间，也夹杂着繁茂的莎草、席草和紫色的酸沼草。在长满草的地区，水无法渗透到地下的岩床，所以大多数时候，土壤中都浸满了水。在这里，几乎没有什么细菌能够使植物腐烂，因此，植物的尸体堆积成了泥煤层。生长在这里的粗韧的杂草经常形成大片的草丛。水在草丛之间聚集起来，形成一汪沼泽。累积的泥煤能够蓄水，使得土壤可以容纳更多的水分。

沼泽区域有着自己特殊的植被。泥炭藓能像海绵一样吸收水分，形成一层湿润松软的植被，在它的上面爬满了蔓越橘。纤细的茅膏菜也生长在这层潮湿的苔藓的表面，用它们那黏黏的叶片来诱捕昆虫。茅膏菜需要新鲜的肉食来获得它们所需的营养，而这些营养是沼泽中所缺乏的。

昆虫在沼泽中大量地繁殖，并为许多其他生物提供了食物。蜘蛛、蛾子和蝴蝶在夏季大量涌现，大黄蜂在蓝莓的花朵上嗡嗡地飞着。羊鼻蝇潜伏在干燥的石壁上，寻找机会把它们那饥饿的幼虫安置在羊的鼻孔里。蝰蛇有时会蜷缩在石壁脚下，普通蜥蜴和蜗牛也会躲藏在这里。

白鼬的猎捕对象是野鼠和草地鹨。林鼠和田鼠在沼泽地的草丛和石楠树丛中东奔西窜。小

被监管的沼泽和荒原

在英国，红松鸡是人类猎捕的对象，它们以新鲜的石楠嫩芽为食。雄鸟需要努力保卫自己的繁殖领地，才能生存下来。没有领地的雄鸟常会死在猎人的枪下，或者落入捕食者的口中。

如今许多沼泽地带都得到了控制和管理，以保证红松鸡拥有良好的掩蔽和充足的食物。为了使石楠保持最佳状态，小面积的沼泽会被轮番烧毁。火会摧毁旧的木质植株，使地表土壤中的种子发出新芽来。

细嫩的石楠幼苗是荒原动物们的优良食料，所以农民们会不时地在荒原上放火，以促进新芽的生长。英国达特穆尔高原和埃克斯穆尔高地中强健的小型马以石楠、青草、灯芯草和欧洲蕨为食，有些种类在冬天甚至会吃多刺的荆豆。

鹡鸰会不停地进食，它们的食物是蜘蛛和昆虫。褐凤蝶在石楠树丛上方低低地飞着。夜晚，狐狸会出来巡逻，觅食短尾鼠和其他的小型哺乳动物以及鸟类。

雪兔以沼泽地上的石楠和蓝莓为食。雪兔的皮毛是绝好的伪装，它们的毛在冬天是白色的，在春天会变成褐色，到了夏天，又会变成灰褐色。

在苏格兰和英格兰的西南部，沼泽地上还生活着成群的野生赤鹿。它们原本生活在森林里，但是如今它们已经适应了沼泽地上的生活，习惯了用草、嫩叶、苔藓和蘑菇填饱肚子。到了冬天，它们会迁徙到地势较低的地方去寻找食物。高大的牡鹿可以通过它们那巨大的、枝状的角被辨认出来，每年春天它们的鹿角都会脱落一次。

▲ 秋天，这些蘑菇为荒原增添了一抹橘红色。许多石楠植株上都有真菌与之共生。精美的伞状马毛菌生长在死去的石楠的嫩枝上，还有一些沼泽菌类会从动物的粪便上萌发出来。

石楠树丛中的鸟儿

帚石楠和欧石楠树丛吸引了许多地栖鸟类。许多涉禽，例如杓鹬和滨鹬夏天时都会在丘陵沼泽中筑巢，这些地方有充足

▲ 这只灰褐色的雪兔正穿着“夏装”。这种兔子在夜晚进食，冬天的时候，它们会在雪地里挖掘，寻找石楠、草和其他植物。

▲ 粗壮的苏格兰黑面羊在艰苦的沼泽环境中生存了下来。它们身上粗糙的外层羊毛可以防水，而浓密的内层羊毛则能够帮助它们保暖。

的昆虫可以用来喂养它们的幼鸟。到了冬天，它们就返回气候较为宜人的海湾和河口。美丽的金鸻会在沼泽地的草丛中抚养幼鸟。

松鸡靠伪装来保护自己。冬天它们会长出白色的羽毛，与雪地融为一体。

在遥远的高原沼泽中，金雕高高地盘旋在天空中搜寻野兔的踪迹，乌鸦会啄食腐肉，也会猎杀小型的哺乳动物和鸟类。

白尾鹞在沼泽地上低低地滑翔着，突袭小型哺乳动物、鸟类、蜥蜴、青蛙，甚至甲虫。英国最小的猎禽——灰背隼在开阔的沼泽地上搜寻草地鹨和其他鸣禽。灰背隼并不比一只画眉大多少，但是它的身体呈流线型，飞行速度非常惊人，这使它几乎能抓住任何猎物——除了一些在低空飞行的最为警觉的鸟。雄性灰背隼通常会在专门的屠宰台（合适的岩石或篱笆）上，把猎物的脑袋咬下来并把其身上的毛都拔去，然后再将猎物献给自己的配偶。

猎禽也会在石楠荒原上搜寻猎物。秃鹰以野兔和小型哺乳动物为食，而红隼则集中精力觅捕野鼠之类的猎物。

夜鹰会在夜晚出动，在石楠荒原上巡游，张开大嘴吞食蛾子。野翁鸟、草地鹨和莺之类的小型鸣禽，都在较高的石楠树丛和荆豆花丛上筑巢。

灌木丛林

在温带地区，大多数植物都会在夏天繁茂地生长，并在冬天进入休眠状态。而灌木丛林中的植物则倾向于在炎热的夏天静静地潜伏着，等到气候温和的冬天才开始生长，并成为供野生动物们躲避的散发着芬芳的家园。

灌木丛林主要生长在地中海型气候中，这种气候的特点是夏季炎热干燥，冬季温和潮湿。这些灌木丛林中的植物的典型特征是，它们都是低矮的多年生木本植物，长着小小的坚韧的叶子，可以熬过季节性的干旱。在这些地方，乔木通常都长不高，而多刺的灌木和芬芳的草本植物却长势旺盛。事实上，这些地方原来都覆盖着森林，而灌木丛林的景观只是森林在缓慢重建

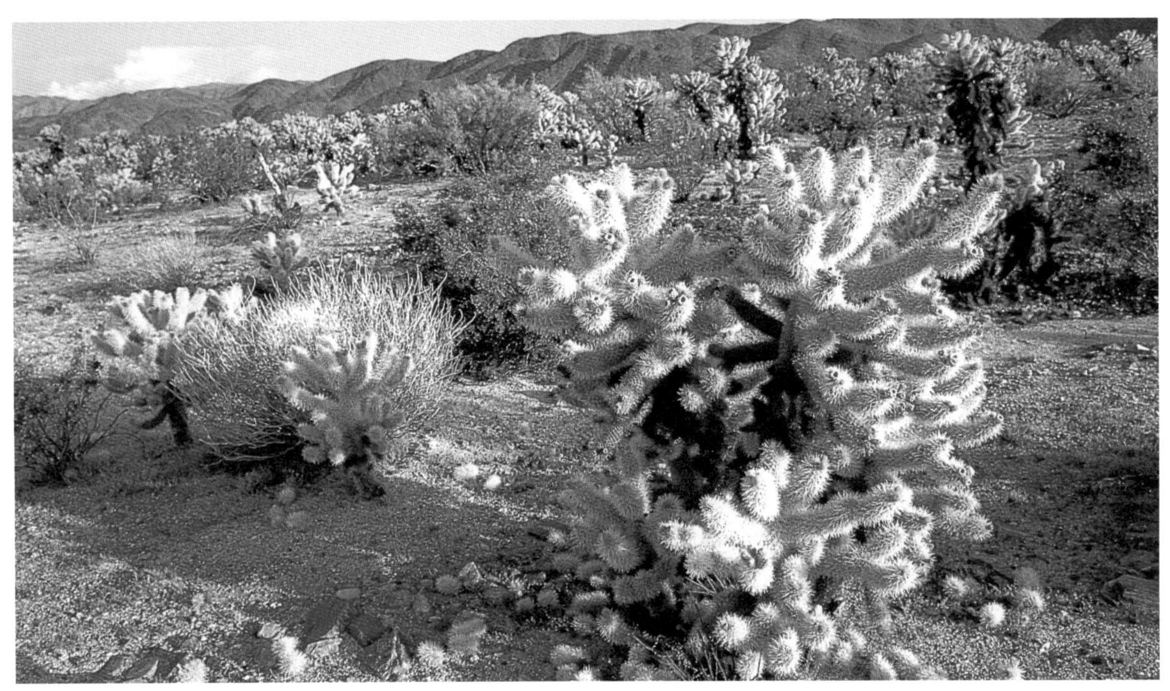

▲ 就像古代纳瓦霍神灵伸展开的手指一样，泰迪熊仙人掌给丛林植被增添了神秘的色彩。生活在这种干旱的灌木丛林中的植物为了适应环境，都进化出了各种各样的储水方法。

过程中经历的早期阶段。干旱、大火以及人类的放牧行为都影响着这些半自然景观的发展，并确保了灌木丛林作为一种独特的环境类型而延续下来。

世界上主要有五个干旱的灌木丛林区，它们分别位于地中海地区、南非的最南端、澳大利亚、美国加利福尼亚和智利。各个地区生活着的动物和植物种类各异，但是它们都适应了当地的环境，可以度过干旱的夏天。有一些植物（地下芽植物）以地下块茎或者鳞茎的形式在夏季的干旱中生存下来。还有一些植物（一年生植物）的植株会死去，但是它们的种子会存活下来。有一些灌木有着长长的根，能够从深层的土壤中吸收水分。这些含有水分的灌木会引起食草动物的注意，所以它们一般都长有尖锐的刺和坚韧的叶片作为一种自我保护手段。

地中海地区的灌木

在地中海沿岸国家（尤其是法国）的开阔之地，生长着能够抵抗干燥的植被。其中，既有包含大量草本植物在内的低矮植被，也有较高的、繁密的灌木群——它们可以长到 4 米高。

吹向法国南部罗讷河谷的干燥寒冷的北风往往携带着芬芳的香草气味。薰衣草、百里香、迷迭香像地毯一样在灌木丛林中铺开，这里还生长着兰花、大戟、岩蔷薇和金银花。

野生的绵羊和山羊在这些多刺的灌木丛和草地上进食。低矮的灌木丛为爬行动物们提供了一个很好的掩蔽和猎食场地，这里有数不清的蜥蜴和蛇在阳光普照的地方晒着太阳，同时威胁着昆虫们的生命。这里的啮齿动物也很丰富。昆虫们挥动翅膀，嗡嗡作响。以昆虫和爬行动物为食的鸟类，如波纹林莺、野翁鸟、夜鹰和伯劳鸟十分常见。猛禽也是这里的常住居民。乘人之危的兀鹫在炙热的灌木丛中寻找干渴而死的猎物，而雕则以爬行动物作为自己的盛宴。在海滨地带低矮的灌木丛中，普通鸌和猛鸌在此栖息。埃莉氏隼控制着自己的繁殖周期，使之与鸣禽的迁徙周期相适应。

蒿属植物和响尾蛇

加利福尼亚的丛林是一片多刺的灌木区，那里有着种类丰富的动物。蒿属植物是这片干旱地带的典型物种。它们会制造出一种挥发性的化学物质，这种化学物质可以阻止食草动物的啃食，同时还能抑制周围植株的萌芽和生长。蒿属植物是一种易燃植物，每 25 年左右就会有一场大火摧毁大片年迈的植株以及其他一些与之竞争的灌木。当挥发性的化学物质被烧掉后，营养就会被释放到土壤和大气之中，而那些先前被蒿属植物抑制的草和各种草本植物就开始占据上风。但是，在几年之内，蒿属植物又会再度入侵并夺回统治地位。大火过后的 10 年左右，蒿属植物释放出来的化学物质会再度杀死周围的草本植物，而这些草本植物也只能在蒿属植物的空隙间取得一小块立足之地。

丛林地区的鸟类和昆虫非常丰富，尤其是在气候湿润的季节里。冬鹪鹩在茂密而混乱的灌木丛中过着低调的生活，只有在捕捉昆虫和蜘蛛时才会在灌木丛之间掠过。其他的丛林居民还有地松鼠和更格卢鼠，它们会在自己的地洞中储存

▲ 一对领西猯趴在满是尘土的地面上休息。西猯是猪的近亲，它们总是会成群地在加利福尼亚的灌木丛林中挖掘植物的根茎。

芳香的灌木丛林

地中海地区的灌木丛林是由各种低矮的植物“拼凑”在一起组成的，其中包括像法国薰衣草、迷迭香、百里香这样的草本植物，还有刺柏、大戟之类的灌木，以及零散分布的乔木，比如石栎和松树。

翱翔的兀鹫①、白兀鹫②和白腹海雕③在灌木丛上空巡察猎物。在它们下面，一只燕隼④捉到了一只蜻蜓，一只短尾雕⑤正在吞食一条蛇⑥。在树上，一只角鸮⑦和一只小斑獛⑧正在等待夜幕降临。捕食性的昆虫也在忙碌，比如食虫虻⑨、捕食蜘蛛的黄蜂⑩和合掌螳螂⑪。昆虫们吸引着饥饿的佛法僧⑫、蜂虎⑬、戴胜⑭、伯劳⑮和大斑杜鹃⑯。歌鸲⑰的歌声与蝉⑱、蟋蟀⑲、蚱蜢⑳发出的噪声夹杂在一起。绵羊、山羊和赫尔曼陆龟㉑啃食低矮的植被。绿蜥蜴㉒和孔雀巨蜥㉓猎食昆虫，而它们自己是蒙彼利埃蛇㉔的食物。蛇也会捕食许多啮齿动物㉕。蝙蝠大小的孔雀蛾㉖准备在黑夜中起飞。一串蜗牛㉗在植物的茎干上夏眠，它们的壳用黏液封住了，这样可以保持湿润。

▲ 南非开普省的灌木丛林中生活着500多种石楠类植物。图中这种漂亮的山龙眼开着杯状的大花，花的周围环绕着刺状的苞片。它又叫帝王花，是南非共和国的国花。

种子。这些种子可以吸收鼠类呼出的水汽，从而把水分保存起来。走鹃在龙舌兰和仙人掌之间横冲直撞，追逐爬行动物和啮齿动物。一种叫作细强棱蜥的蜥蜴在清晨的阳光下晒太阳，一旦受到干扰就疾速躲入洞穴、岩石或灌木丛中。沙地上道道隆起的土丘泄露了响尾蛇的踪迹。美洲狮和山狗可能会漫步在灌木丛中寻找猎物，例如通过巨大的耳朵来散热的长耳野兔。

智利的常绿有刺灌木林享受着能促使灌木生长的地中海型气候。这里是八齿鼠的家园——这是一种如老鼠般大小的圆胖的啮齿动物。它们用尖利的爪子挖掘植物的根茎，有时也吃仙人掌。

南非和澳大利亚的灌木丛

在夏季炎热干燥、冬季潮湿的南非开普省的最南端和西南端，生长着大量丰富多彩的植物。而且许多植物都只在这种干旱环境中生存，是这里特有的

▼ 在加利福尼亚的灌木丛中，几只年幼的白尾羚松鼠正在好奇地张望。这种松鼠在高温下也很活跃，它们尾巴内侧的毛色是白的，可以在奔跑时展现出来，这或许是一种传递给同伴的信号。和其他生活在地面上的松鼠一样，它们也会把食物藏在地下。

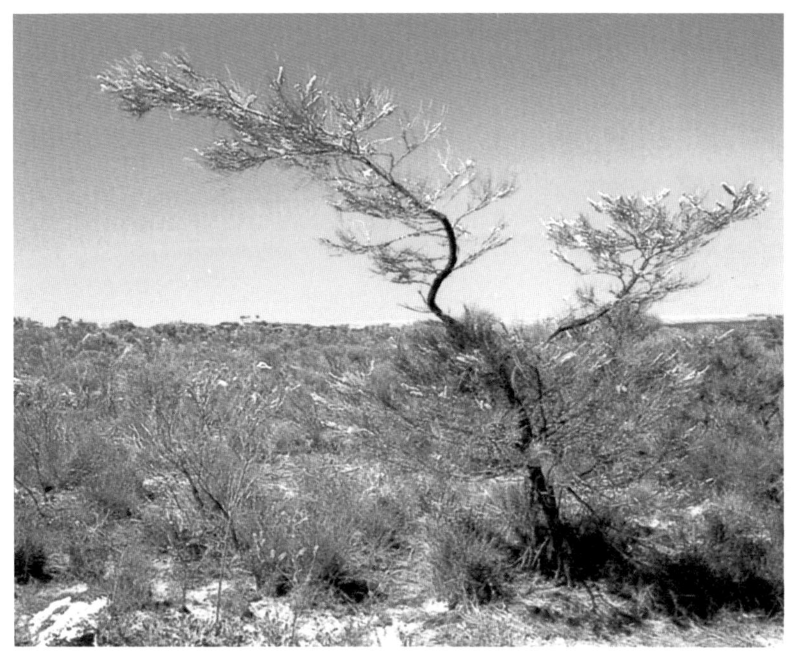

在澳大利亚西南部的丛林中，一株银桦耸立在一片低矮的灌木植被之间。这个地区的植物种类非常丰富，其中 80% 的种类是本地特有的。为了适应炎热干旱的环境，这种植物长着小小的、坚硬而且厚实的叶片。

物种。

石楠花的叶片小而粗韧，并且紧附着茎干生长，这能够防止它们在热风和夏天灼热的阳光中枯萎。山龙眼长着坚韧的、狭窄的叶片，能够帮助减少水分散失。有些植物，例如五角星花有着能够储存水分的茎干。五彩缤纷的太阳鸟把它们那细长的喙伸入山龙眼和其他的花朵中吸食花蜜。

南非灌木丛中的植物都适应了周期性的火灾。每 15 年左右，灌木丛就会着一次火。有时候，这些火灾是由闪电引起的，但有时纵火者是人类。

一些山龙眼科植物具有木质的地下块茎，能够在火灾中存活下来。还有许多山龙眼科植物的种子，只有当坚硬的外壳在大火的热量中爆裂后才会发芽。经过一个冬天的雨水的浸泡，低矮的灌木丛会变成一层由紫苑花、大丁草和其他多年生开花植物织成的色彩明艳的地毯。

在澳大利亚西南角那炎热而干燥的荒原上，生

拔克西木的花朵为东刺嘴吸蜜鸟这样的鸟儿提供了充足的花蜜。东刺嘴吸蜜鸟通过它那长长的弯曲的喙来探测食物。这种身长只有 15 厘米的鸟儿常常由于大型吸蜜鸟的驱逐而无法享用开得正盛的花朵。

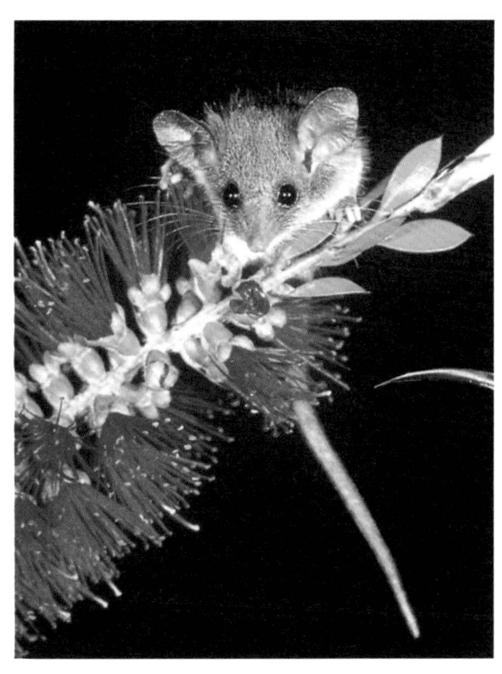

▲ 一只山袋貂爬到了红千层的花上，准备用它刷子一样的舌尖舔食花蜜。这种灌木开着刷子形状的花，利用山袋貂和长吻袋貂帮助它们传粉。

长着许多与南非灌木丛中的植被十分相似的植物。许多树木都有膨大的块茎，里面储存着碳水化合物和其他的营养物质，并含有休眠的芽。火灾会诱使这些芽开始生长，并长出新的茎干。

这里的植物品种极其丰富。实际上，澳大利亚的西南地区是一个独立的植物群落，这里有许多独一无二的物种。澳石楠的种类和品种多样的袋鼠爪花（这种植物的花朵看上去很像袋鼠的爪子）一样丰富多彩。土瓶草虽然和猪笼草并没有什么亲缘关系，但是它们进化出的生存方法是一样的。它们长得就像盛满黏液的桶一样，粗心大意的昆虫会陷入其中。陷进去的昆虫会被黏液淹死在桶底，并在那里被植物消化掉。

植物的饮食和呼吸

植物和动物都必须能够进食和呼吸，才能生存下去。这两项能力缺乏任何一项，动植物就会死亡。动物以植物或者其他动物为生，或者兼食植物和动物。然而，植物却有着独特的制造食物的能力。

植物会利用体内的一种化学物质来制造养料，这种物质是一种绿色的色素，叫作叶绿素，它是动物所不具备的。在光合作用过程中，叶绿素利用太阳光的能量，把二氧化碳和水转化为葡萄糖（一种糖）和氧气（以废物的形式）。其中，葡萄糖就是植物的养料，为植物提供呼吸和生长所需的能量。

制造养料

叶片就像植物的食物加工厂，植物体内的大多数叶绿素都储存在叶子里。为了最大限度地吸收能量，植物的叶片几乎都很薄并且数量繁多，这样就可以将尽可能大的表面积暴露在阳光下。

光合作用需要一定量的水。水是从土壤中经由植物的根和茎输送到叶片中的。根通过渗透作用从土壤中吸收水分。光合作用所需的另一种化学物质——二氧化碳，则通过叶片上的小孔被吸收进来，这些小孔叫作气孔，主要位于叶片的背面。

▲ 图中这株植物的养料都储存在主根里，它的主根就是我们常吃的胡萝卜。主根周围又伸出了一些小根，它们不但把植物固定在土壤中，还能为植物吸收水分。

光合作用的步骤

光合作用主要分两个步骤进行。在第一个步骤中，叶绿素利用光能把水分子分解为氢原子和氧原子。由于这一步骤必须在光下进行，所以被称为光反应。第二个步骤不需要光，所以被称为暗反应。在第二个步骤中，水分子分解出的氢与二氧化碳结合，生成葡萄糖。

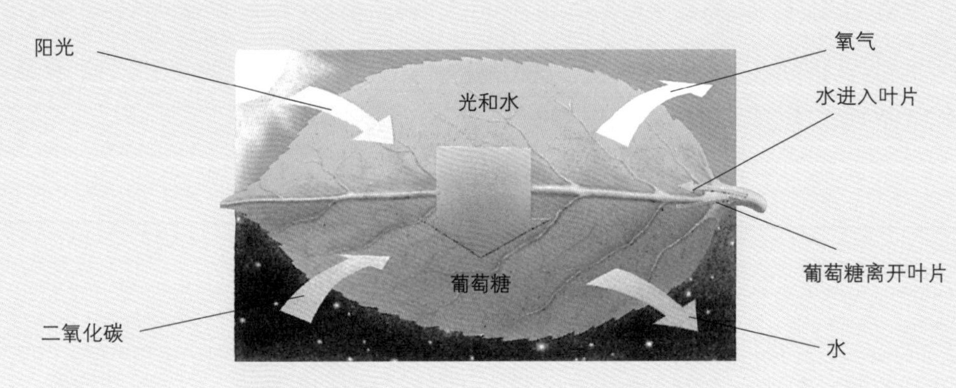

呼吸作用

和所有活着的生物一样，植物也每时每刻都在呼吸。呼吸是将养料转化为能量的必要条件。在许多小的化学反应中，氧气会与葡萄糖发生反应，释放出能量，同时产生水和二氧化碳两种废物。

在夜间，由于缺乏阳光不能进行光合作用，氧气会通过气孔被吸收进叶片，同时二氧化碳被释放出来。不过，随着太阳升起，光合作用再次开始，呼吸作用产生的二氧化碳的释放速度就会慢下来。此时，二氧化碳被用作光合作用的原材料。同样，光合作用产生的废物氧气，此时被用于呼吸作用。

在短时间内，氧气和二氧化碳的形成互相匹配，通过叶片的气体运动停止。不过，随着太阳

▲ 鱼儿呼吸水生植物在光合作用中释放出来的氧气。植物把鱼儿释放出来的废气二氧化碳吸收进体内，用于光合作用。

升起，光线强度增加，光合作用的速率就会加快，植物所需的二氧化碳的量会超过呼吸作用产生的二氧化碳的量。光合作用产生的氧气也比呼吸作用所需要的氧气多。于是，通过叶片进行的气体扩散又再度开始。空气中的二氧化碳被吸收进叶片，而氧气被释放出来。

依照科学家的说法，植物自己创造养料的能力解释了空气中氧气的量保持恒定的原因。如果植物在白天不以废物的形式释放出氧气的话，那么，由于动物会通过呼吸作用消耗氧气，空气中氧气的量会降低到几乎所有生命都无法生存的极限。

植物管道

植物不仅需要水进行光合作用，还需要水在体内运送养料和矿物质。大多数植物都从根部周围的土壤中吸收水和矿物盐。为了尽可能增加与土壤的接触面积，以便通过渗透作用吸收更多的水分，植物的根部都生长着许多细小的根毛。

渗透作用是指水分通过半透膜（根毛）从低浓度（土壤）向高浓度（根部的细胞液）扩散的现象。在渗

自我观察

光合作用

把一些水池草（可以在宠物商店中买到）放在一个罐子里的漏斗下。把水倒进罐子中，直到漏斗被水淹没。把一根盛满水的试管扣在漏斗上。把水池草放在阳光直射的地方。几个小时后，水池草的叶片上就会形成一些氧气泡，然后这些氧气泡会漂浮到试管顶部。为了证明这些气泡是氧气，可以请大人帮忙，用带火星的木条检验一下试管中的气体。如果试管中的气体是氧气，木条就会突然剧烈燃烧起来。

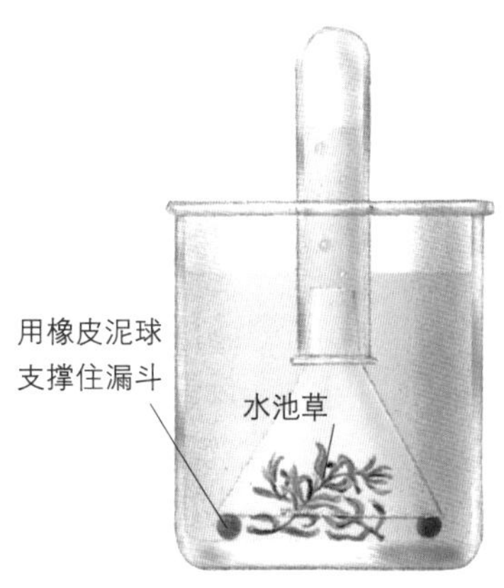

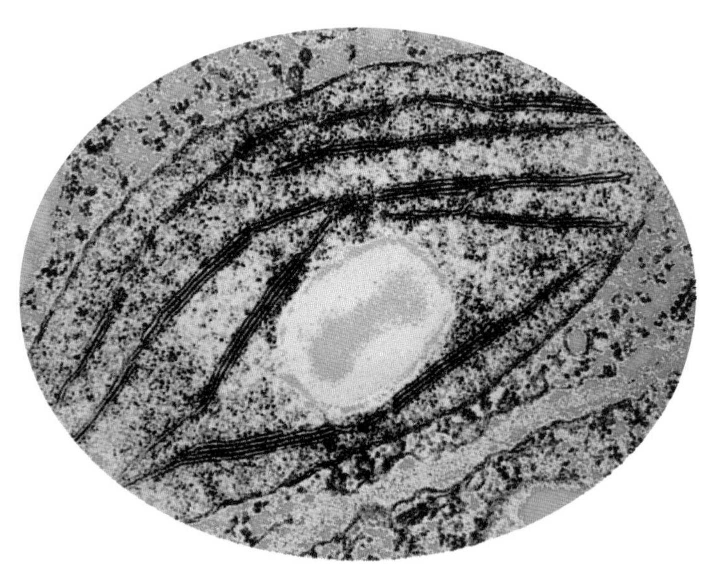

◀ 图中是一个高倍放大的叶绿体。叶绿体是进行光合作用的场所。叶绿素储存在看起来像黑线一样的薄层里。

叶片结构

下图是叶片横切面的放大图，展示了叶片的构成。

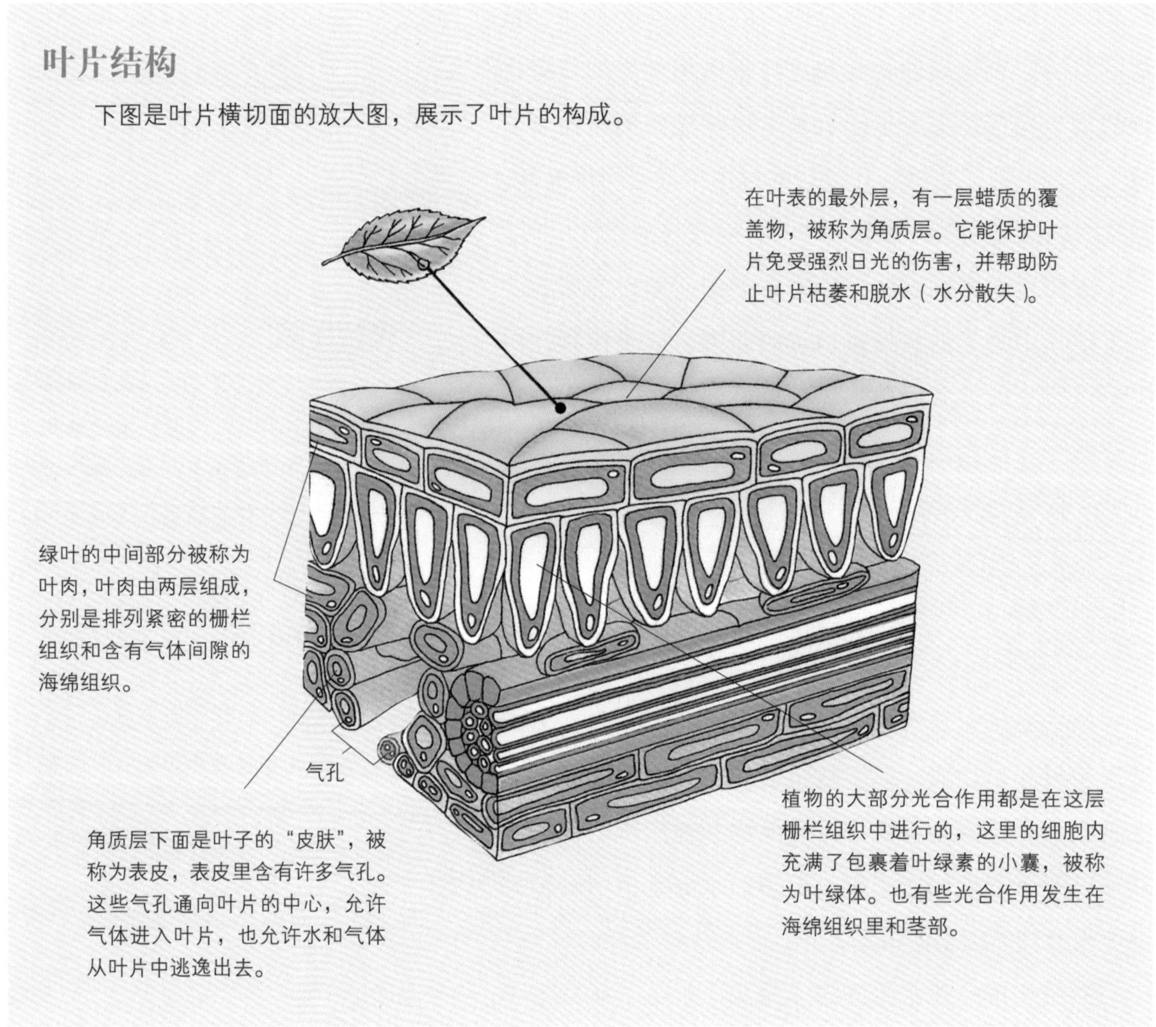

在叶表的最外层，有一层蜡质的覆盖物，被称为角质层。它能保护叶片免受强烈日光的伤害，并帮助防止叶片枯萎和脱水（水分散失）。
绿叶的中间部分被称为叶肉，叶肉由两层组成，分别是排列紧密的栅栏组织和含有气体间隙的海绵组织。
气孔
角质层下面是叶子的“皮肤”，被称为表皮，表皮里含有许多气孔。这些气孔通向叶片的中心，允许气体进入叶片，也允许水和气体从叶片中逃逸出去。
植物的大部分光合作用都是在这层栅栏组织中进行的，这里的细胞内充满了包裹着叶绿素的小囊，被称为叶绿体。也有些光合作用发生在海绵组织里和茎部。

透作用过程中，水分通过根毛从土壤中进入细胞液。细胞液被来自土壤的水分稀释后，还有根系更深层的细胞具有较高的细胞液浓度，于是水分就会越来越深入植物的根系中。

最后，水分会进入根部的木质部导管中，木质部导管具备足够强的力量将水分向上推进到茎的木质部中。然而这种压力并不足以将水分一路送到叶片，将水运送到叶片的力量来自一个被称为蒸腾作用的过程。

蒸腾作用是指水分通过蒸发从植物体内散失的现象。植物体每天吸收的水分中，大约有90% 都会以这种方式散失。水分蒸发主要是从叶片的海绵组织中的叶肉细胞，进入细胞间隙，然后水分再通过气孔从细胞间隙逃逸到外面的空气中。叶肉细胞失去水分后，它们的细胞液就变成了较高浓度的溶液，所以水分就会通过渗透作用从叶片深处运输到这里。然后叶片深处细胞中的细胞液浓度又会升高，并将水分从叶脉的木质部导管中牵引过来。

自然界的网络工程

整棵植株，从根到茎再到叶片，都遍布着一套管道网络，被称为韧皮部和木质部。韧皮部将植物在光合作用中产生的养料，运送到存储区域或者生长点。而木质部将来自土壤中的水和矿物质运送到叶片中。

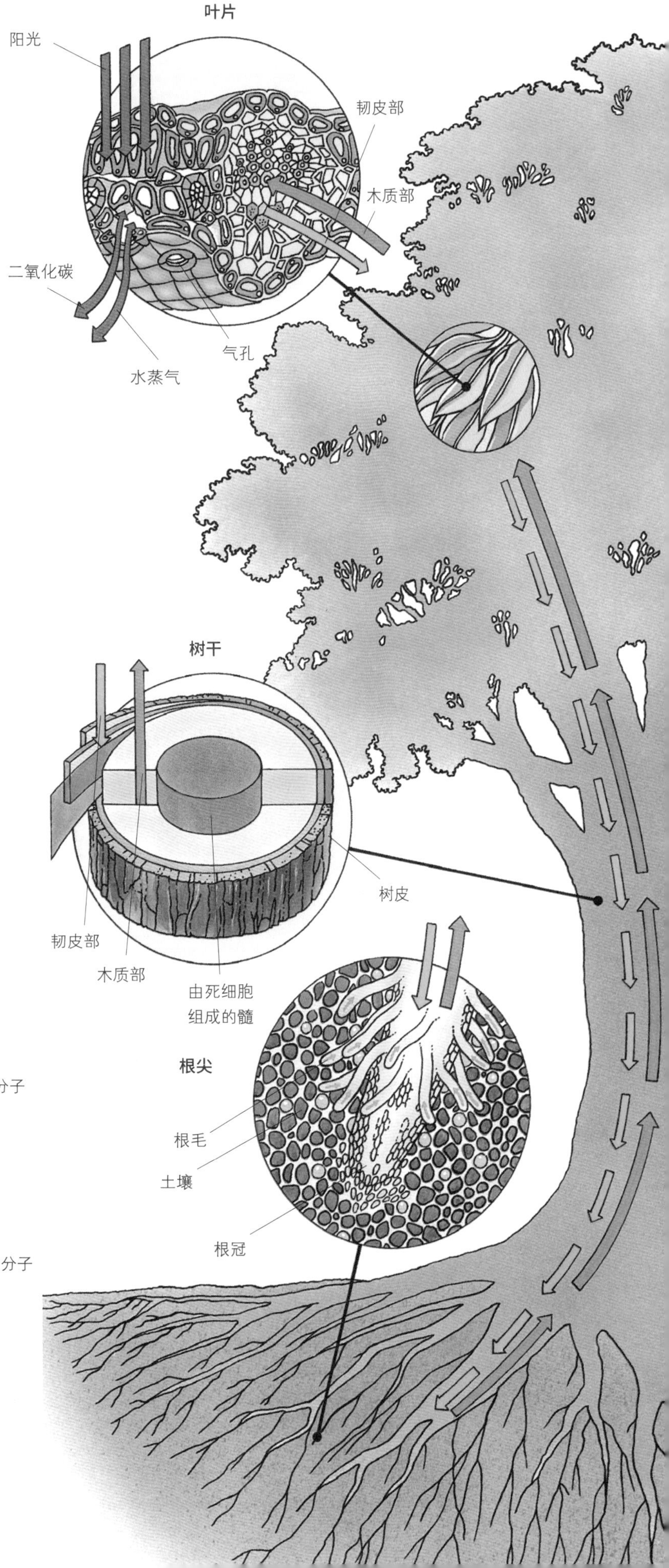

叶片
阳光
韧皮部
木质部
二氧化碳
气孔
水蒸气
树干
树皮
韧皮部
木质部
由死细胞
组成的髓
根尖
根毛
土壤
根冠

渗透作用

当植物利用渗透作用从土壤中吸收水分时，土壤就是低浓度溶液，根毛是半透膜，而植物体内的细胞液就是高浓度溶液。

低浓度溶液
高浓度溶液
水分子
半透膜
矿物质分子
浓度相等的溶液

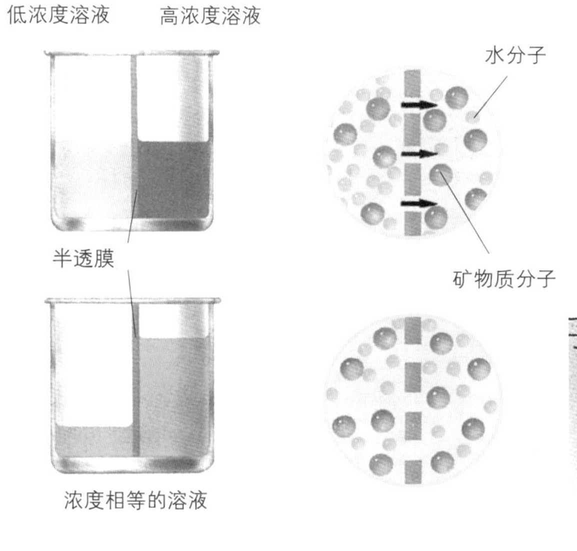

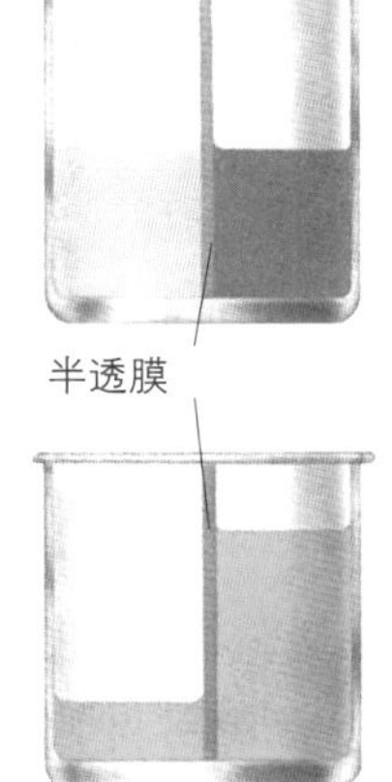

▼ 仙人掌生活在炎热干燥的气候中。为了适应这种环境，它们进化出了气孔可以张开的茎来保存水分，以及大面积伸展的浅根，能够迅速吸收雨水，并且用锐利的防御性的刺代替了叶片。

▲ 如果没有这些直立的根伸出水面，红树就无法获得呼吸作用所需的氧气。如果根不能呼吸，它们就不能从黏性淤泥中吸收矿物质。

从叶脉木质部流走的水分被来自茎木质部的水分所替代，根部的水分又会通过毛细作用上升到茎，补充到茎木质部中。从植物的根系到叶片之间形成的连续水流，被称为蒸腾流。它在炎热晴朗的天气里的流速，通常比在寒冷阴霾的天气里的流速快。

植物的矿物需求

植物不能仅靠光合作用产生的葡萄糖生存，它们也需要蛋白质，以便生长、开花和结果。植物利用葡萄糖及从土壤中吸收的矿物质来制造蛋白质。某些矿物质是植物体大量需要的，被称为大量元素。而不常需要的矿物质被称为微量元素。所有矿物质都是通过主动运输的方式被吸收进植

◀ 这只松鼠或许看上去很可爱，但是它在啃掉这棵无花果树的树皮的同时，也就是在破坏树的韧皮部，从而导致这棵树慢慢死亡。

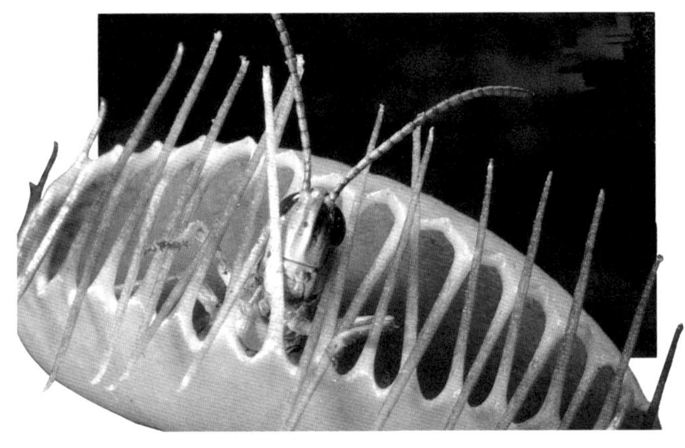

▲ 不是所有的植物都以富含矿物质的土壤为生。一些植物，像图中的捕蝇草，必须捕捉并食用昆虫来获得它们无法从土壤中得到的元素。

你知道吗？

矿物质大餐

植物需要从土壤中获得至少 12 种元素，才能健康生长。其中大量元素有：蛋白质合成所需的氮、磷、硫；细胞分裂所需的钾；细胞膜所需的钙；叶绿素形成所需的镁。如果没有镁，叶片的绿色就会褪去。其他五种元素需要的量很小，分别是铁、硼、钴、锰和锌。

物体内的，主动运输过程需要呼吸作用产生的能量。

当矿物盐与植物的根部发生接触时，细胞膜就会围绕矿物盐生长。最初，随着细胞膜包围矿物盐生长，细胞膜表面会形成凹陷，然后细胞膜会进一步延伸，形成杯子的形状，直到最终把矿物盐包裹在根的里面。矿物盐以同样的方式运动，直到进入木质部运输机制。

植物的繁殖

当植物需要进行有性繁殖时，它们自有一套聪明的解决办法。有一些植物能够诱惑、贿赂，或者欺骗动物来帮助它们；有一些植物能够预测天气，并选择最恰当的时机，借助风的力量来帮助自己；还有一些植物通过无性繁殖对自己进行克隆。

在这个地球上，植物已经存在了3.5亿多年。数亿年前，它们就已经进化出了自己的繁殖方式，从藻类植物最简单的细胞分裂，到某些品种诸如兰花具有非常专业的繁殖技巧。这些品种的兰花能够招引一种蜜蜂，并通过蜜蜂，把自己藏在花粉中的雄性精细胞，传递给另一朵同类品种的兰花雌性卵细胞。

▲ 这些醉鱼草的花一簇簇生长在花柄上，因此，蝴蝶可以轻松吸食它们的花蜜，而不需要在花朵之间来回飞。

▲ 花粉粒有各种各样的形状和大小，花粉粒外层的覆盖物能防止花粉腐烂，因此，它们有的能够存活数千年之久。

花朵的结构

大多数花都有花柄。在花柄顶端是花托。花朵附着生长在花托上。花朵是由一串环形花瓣组成的。花瓣外是萼片。萼片看起来就像小小的绿叶。在萼片里面是花瓣。花瓣的底部较萼片厚。花腺中能产生花蜜。

在花瓣里，像针一样的雄蕊（雄性生殖器官）包围着心皮（雌性生殖器官）。雄蕊长在花朵中间的花丝上。花丝顶端有花粉囊，它们是由四个含花粉粒的小囊组成的。每朵花有一个或数个心皮，这取决于植物的品种。每个心皮有三个部分——柱头、花柱、子房。在子房中有胚珠，在胚珠中是卵细胞。

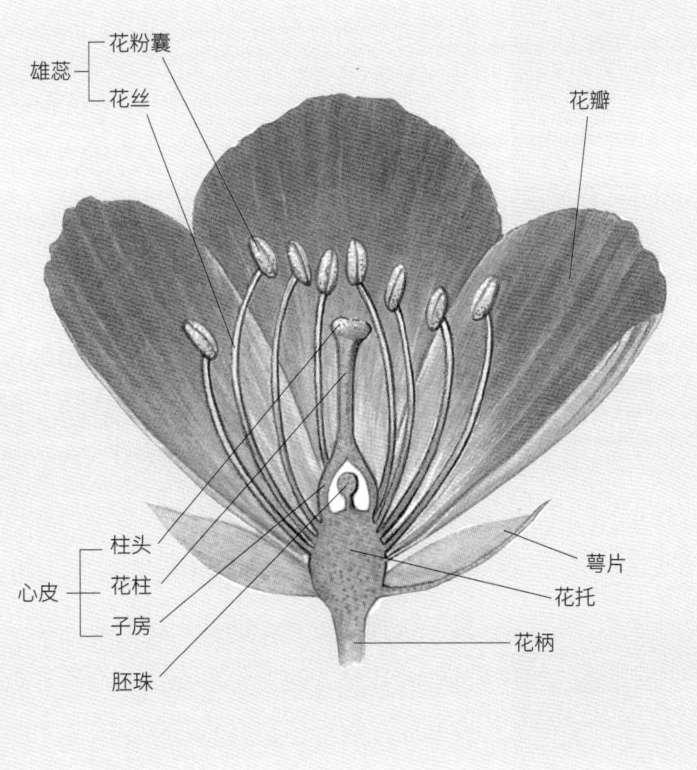

植物繁殖最常见的方式是有性繁殖，大多数开花植物都采用这种繁殖方式；无性繁殖（没有性接触），即营养繁殖，植物的繁殖是通过克隆的形式，复制出同样一株新的植物。

开花植物的繁殖

开花植物为了适应有性繁殖，进化出了一套特殊的生理机制。为了能够授精，藏在花粉中的雄性精细胞必须能够接触到雌性卵细胞。由于植物不能四处活动寻找其他植物，所以，它们

▲ 洋地黄花序上的花朵倒悬着开放。最先绽放的是雄花，能产生花粉。然后花粉囊死亡，心皮成熟。蜜蜂先拜访位于低处的雌花，随后飞到高处的雄花上，然后再前往另一株植物。

进化出了一套花粉的传输机制——这被称为授粉机制。大多数开花植物要么借助风授粉，要么依靠昆虫授粉。

当一株植物的花粉被授予相同品种的其他植物时，被称为异花授粉。如果一朵花的花粉落到同一朵花的柱头，或者同一株植物的另一朵花的柱头时，就会发生自花授粉。

异花授粉发育出来的植物，比自花授粉发育出来的植物更健康、更强壮。当来自两株亲代植物的基因结合在一起后，发育出来的后代会遗传两株亲代植物最好的特征。但自花授粉的植物遗传的是自己的基因，新的植物只是母体的复制品。

借助动物授粉

许多吸食花粉或者花蜜的动物都会被植物的花朵吸引。作为对动物将一株植物的花粉携带到另一株植物上去的回报，花朵鼓励这种行为的发生。植物之间为了竞争，花朵的形状、颜色和香味都不一样。试图吸引蜜蜂的是管状花朵，它们的花瓣上通常有不同颜色，蜜蜂能够根据花瓣的不同颜色，沿着“跑道”进入花朵中央。这些“跑道”被称为蜜导，能帮助昆虫进入花朵的正确部位。而另外一些花朵，花瓣形似圆盘，性器官被花瓣围绕着，为蝴蝶和蛾子提供了很好的着陆垫。

▲ 这朵天竺葵上的蜜导（花瓣上一条条直线状的深红色）能帮助授粉昆虫进入花朵的正中心。

不同的颜色吸引不同的授粉昆虫。大黄蜂能够清楚看见黄色和蓝色，因此它们喜欢小花，比如勿忘我，尽管这种花的花茎很难支撑一只大黄蜂的体重；蝴蝶喜欢橙色和红色；夜蛾子喜欢浅色的花朵，比如月见草，这种花即使在漆黑的夜里也很容易被看见。

许多植物的花朵都有甜香味，尤其是那些种植在花园里的植物。但是，并非所有的动物都喜欢有甜香味的植物，例如蚊子、苍蝇这样的小昆虫就喜欢难闻的气味，因此它们喜欢腐肉或粪便。为了大量利用这些昆虫，许多花朵的味道都很难闻。

受精

当花粉粒落到柱头上时，花朵中的卵就会受精，然后长出一根像蛇一样的花粉管，并同时与卵细胞（胚芽）聚合。花粉管的柱头不断生长，下面是花柱，它们都在子房外，并通过胚珠中的一个小洞抵达卵细胞。

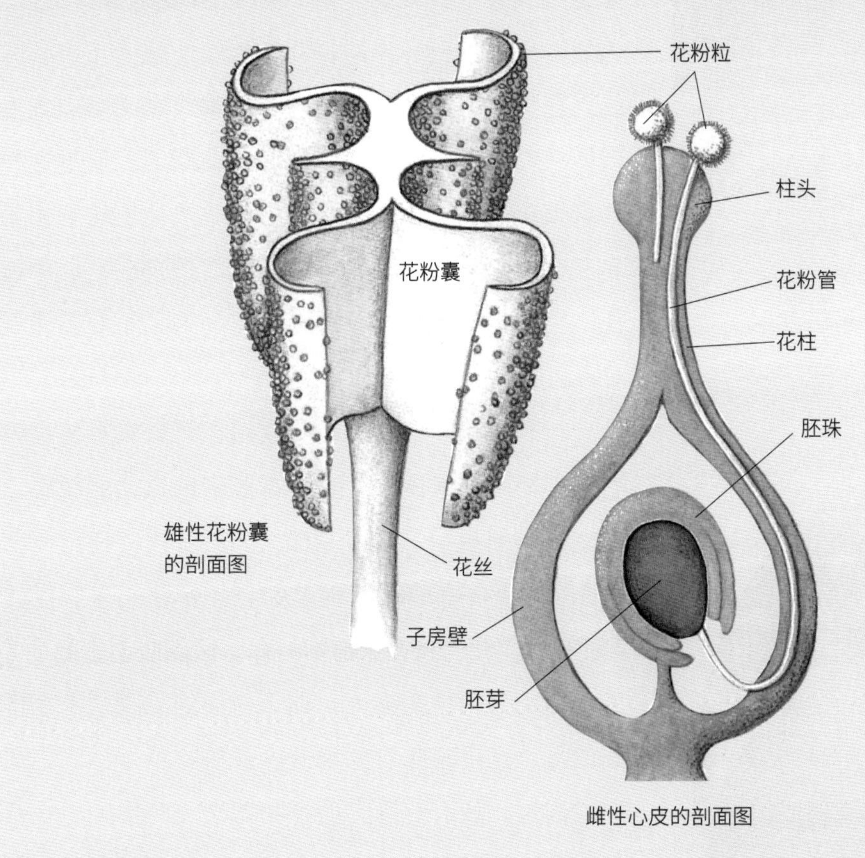

雌性心皮的剖面图

借风授粉

与借助昆虫授粉的花朵不同，借风授粉的花朵不需要吸引授粉者。风儿不会介意花朵是否有鲜艳的颜色或者好闻的味道。因此，借助风来授粉的植物，比如草，通常开的都是颜色单调、没有香味的小花。有一些最古老的结籽植物也是借助风来授粉的。结球果的树木，比如松树、冷杉和雪松，好几百万年以来都是由风来授粉的。这些树上的雄性球果会释放出大量花粉，花粉散播到风中，并在雌性球果上寻找黏黏的、可供停留的地方。

▲ 蜜蜂喜欢蓝色和黄色的花朵。图中这只蜜蜂正忙着把花粉收集到腿上的囊中，并准备带回蜂箱中去。

营养繁殖

营养繁殖是一种无性繁殖方式。在这种繁殖方式中，幼小的植物是从母体植物的某一部分发展出来的，如芽。当芽长到足够大时，就会从母体植物上分离。例如，从吊兰上发出的根芽的顶端，就能长出新的植株。在野外，这些幼小植物的根都长在土壤中，连接母体植物和幼小植物的嫩芽最后会断裂。通过这种方式繁殖出来的植物都是丛生的，一丛丛植株互相紧靠在一起。这通常会阻止其他种类的植物在它们旁边生长。因此，它们不需要和别的植物为了争夺阳光、水分和矿物质而竞争。

与有性繁殖相比，营养繁殖相对比较容易，因为它既不需要依赖昆虫，也不需要借助风为卵授精。但是在这种繁殖中，只有一株植物的基因传递给了新的植株。因此，所有后代都是与母体植物一模一样的复制品。如果不能输入其他基因，不能通过进化使植物的生命力变得更为强大，那么植物的品种就永远得不到改良。这也意味着如果有一株植物得了疾病，那么在它周围，所有克隆它的植物都会受到影响。在营养繁殖中，常见的种类有块茎植物、缠绕植物（长匐茎植物）、根茎植物、球茎植物和鳞茎植物。

▲ 这些雄性桤木的柔荑花在春天开花。此时，桤木还没有长出叶子，因此雄花的花粉能顺利落到雌花的花蕊上。桤木能在最佳时间里释放花粉——通常在下午两点左右，因为此时的温度通常很高，而且空气通常也最干燥。

块茎植物

有一些植物，如马铃薯，在地下建立了自身的养料供应机制。养料储存在肿大的块茎中，在需要时（如干旱）可以供给植物的生长。在正常环境下，块茎处于休眠状态，直到春天来临时，块茎的芽眼中会生出幼芽——腋芽。利用储存的养料，腋芽就会长成新的植物。

缠绕植物和根茎植物

草莓和在地上匍匐生长的毛茛都有侧枝，它们被称为缠绕植物或长匐茎植物。它们都沿着土壤表层生长。从它们的节点处开始，根朝下生长，伸入土壤，然后长出新植物。当新植物长出来后，母体植物与新植物之间的连接点会脱落。

根茎植物在生长过程中，也会朝周围区域扩展。最终，它的截面会断裂，形成一株新的植物。然而，它们的茎在土壤中水平生长，并伸展到新的领地上去，这样，整个植物的根茎系统都在地下。春天，根茎上会生出嫩芽，嫩芽朝上生长，钻出土壤，然后开花。

你知道吗？

迷人的蕨类植物

蕨类植物有一个复杂的、两个阶段的繁殖周期。首先，孢子在蕨类植物的叶子下面形成，然后释放出来，被风散播出去。当孢子着陆后，就会长出细小的叶片，叶片上既有雄性性器官，也有雌性性器官，能够进行有性繁殖——进入蕨类植物繁殖周期中的第二个阶段。在这一个繁殖阶段中，需要依赖潮湿的环境，因为精子必须通过水才能游向卵子。一旦卵子受精，就会长成蕨类植物，于是，一个新的繁殖周期又重新开始。

草花

为了能够借风授粉，所有的草花（禾本科植物）都必须摇晃它们那装满花粉的花粉囊，以及接受卵子的像羽毛一样的柱头。但是大多数花粉都会在风中丢失。因此，为了确保能成功生存下来，它们必须大量繁殖。

有一些植物发现生长花瓣很消耗能量。因此，在它们性器官周围的叶子（苞叶）上通常都有颜色，通过这种方式能吸引到足够多的授粉昆虫。

克隆番红花的球茎

早春时节，球茎利用储存的养料，为发芽提供必要的能量，嫩芽会长成新的植物。晚春时节，植物会制造养料，并储存在新的球茎中，球茎上的芽能够长成新的植物。

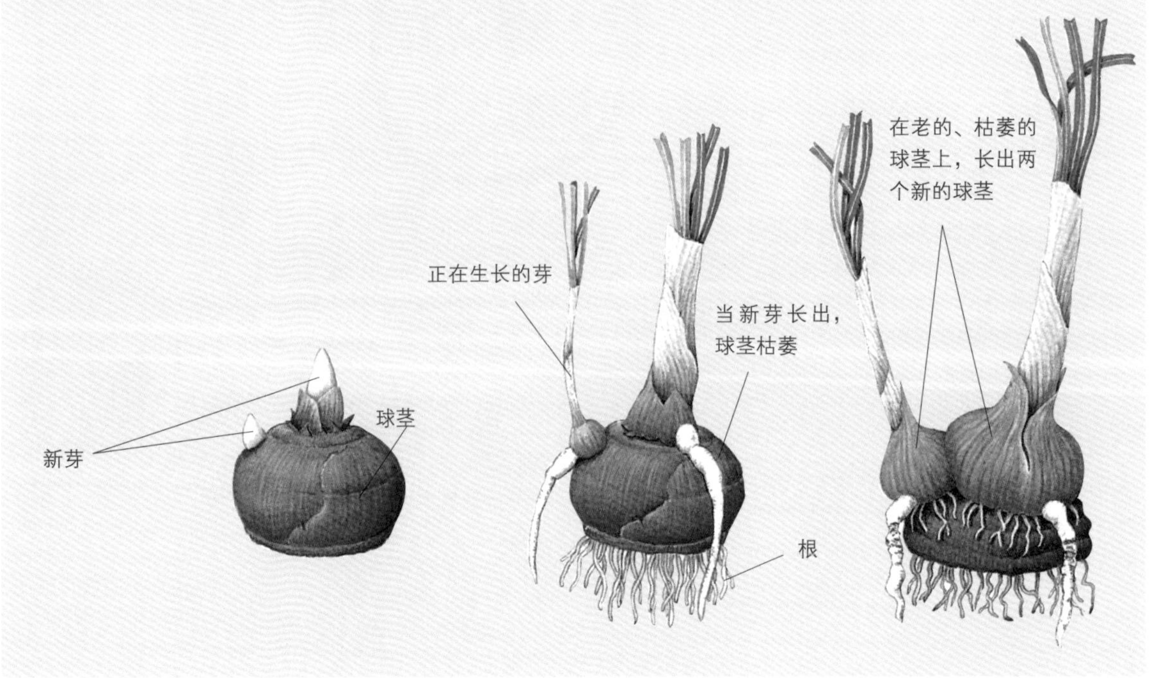

球茎植物和鳞茎植物

冬天，球茎植物有短短的地下茎，由于储存了养料，所以地下茎显得肿大。春天和夏天，球茎植物在地面上长出叶和花，它们靠地下茎中储存的养料生长。开花后，由叶子产生的剩余养料会在老的、枯萎的球茎顶端形成新的球茎。有时，新球茎上的嫩芽会发育成小球茎。然后，小球茎分离出来，第二年长成新的植物。

鳞茎植物的茎又短又粗，养料储存在包围着茎的鳞状叶片上。在生长时节里，鳞茎会裂开、开花，并长出茎和叶。在植物的生长过程中，储存在鳞茎中的养料会被用尽。在开花之后，叶片会制造养料，养料向下输送给一个或者更多的嫩芽，然后嫩芽会不断生长，并形成新的鳞茎。

▲ 在这种落地生根的植物的叶片边缘，有大量小植物，当它们长到足够大后，就将从母体植物上掉落，并在周围的土壤中生根。

授粉

花儿的美丽芬芳并不是为了装点人们的房间。它们的外形一直都在进化，以便帮助自己进行有性繁殖。为了确保生存，它们要使自己吸引生物来为它们授粉。实际上，有些花儿非常专情，它们只与一种授粉者打交道。

蝙蝠、鸟儿、狐猴、老鼠、蜜蜂、蚂蚁和蛾子等许多生物都可以为花儿授粉（把花粉从一朵花上传播到另一朵花上）。有些动物被花儿骗去为它们授粉，还有些动物能通过授粉得到丰厚的回报，而另一些动物则是惨遭绑架，被迫前去授粉的。

然而，并不只有花才会进化，那些为花授粉的动物也会在授粉过程中进化出新的特征和习性。

◀ 这种蜂鸟鹰蛾长着长长的喙管，能够吸食到深藏在烟草植物的花朵和其他管状花底部的花蜜。在吸食花蜜的同时，它们也会无意中携带很多花粉。在夜晚，烟草植物会释放出特殊的气味吸引蛾子。

▲ 和所有的蜂鸟一样，这种棕尾蜂鸟以花蜜为食。它们的翅膀进化得非常发达，以至于可以一边拍打翅膀使自己停留在半空中，一边将喙伸入花朵中觅食。当它们飞向另一朵花时，就把花粉散播出去了。

大开眼界

人工授粉

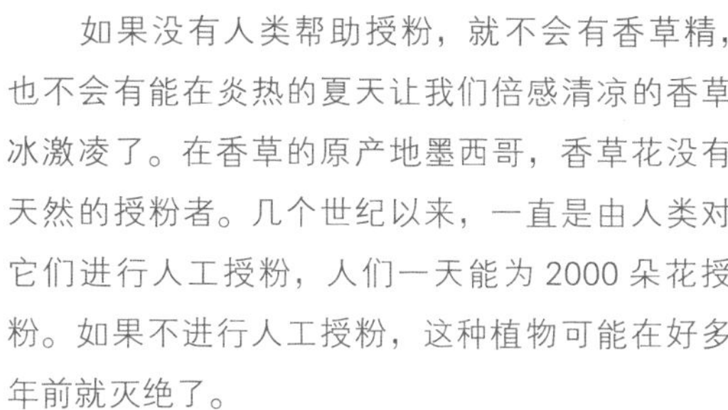

如果没有人类帮助授粉，就不会有香草精，也不会有能在炎热的夏天让我们倍感清凉的香草冰激凌了。在香草的原产地墨西哥，香草花没有天然的授粉者。几个世纪以来，一直是由人类对它们进行人工授粉，人们一天能为 2000 朵花授粉。如果不进行人工授粉，这种植物可能在好多年前就灭绝了。

奖赏还是贿赂

大多数授粉者都是被花的颜色或者气味吸引而来的。花允许授粉者食用自己的花蜜或者花粉，并希望这些授粉者拜访与自己同一物种的其他花朵。当授粉者从一朵花来到另一朵花时，它们在进食过程中收集起来的多余花粉就会转移到另一朵花上去，于是，授粉就成功了。

当一种植物和一种动物建立起这种特殊关系后，花儿不仅会奖赏它的授粉者，还会试图赶走其他动物。与蜂鸟合作的花儿会使自己对其他的动物（如昆虫）缺乏吸引力或者让其他动物难以接近。例如，台湾耧斗菜的花朵会垂悬在精巧、细长的花柄上，这使蜂鸟可以自由地在花朵下方盘旋，同时又可以阻止其他动物降落在花朵上。由于鸟类的嗅觉很弱，所以花朵不需要靠香味来宣传自己，这样，就不会吸引昆虫。

还有一些花朵可以通过封锁自己的花蜜或花粉阻止不速之客。生长在南非的一种粉色龙胆花就会严密锁住自己的花粉。虽然它们的花药上看起来好像覆盖着花粉，但是飞来的昆虫会很快发现自己上当了。只有一种昆虫——木蜂才能把这种花的花粉从花药中释放出来。当木蜂在花药上停住后，它会以特殊的频率拍动翅膀，从而以恰到好处的频率振动花药，将花粉释放出来。

花粉并不是花朵给予授粉者的唯一奖赏。香气、油脂等有时候也是回馈授粉者的厚礼。水桶兰赠予为它授粉的雄蜂一种蜡状物质，雄蜂可以利用这种物质制造信息素（在求爱时期用来

▲ 图中这只蜜蜂刚刚挣脱这朵哥斯达黎加水桶兰的魔爪，兰花就把两个花粉囊粘在了它的背上。

▲ 有些开花植物会把蜡状物质提供给授粉者作为奖赏。蜜蜂们用腿收集这种蜡状物质，并将其带回家中用来筑巢。

吸引雌蜂的一种化学物质）。这种兰花的形状很像水桶，当它们盛开的时候，花中的两个腺体会在“桶底”分泌出薄薄的一层蜡状液体。在液体上方的“桶壁”上，有一道突起，可以引导液体流出花朵。

当花朵开放时，它们会释放出一种香甜的气味，使雄蜂兴奋不已。雄蜂会迅速聚集到花朵周围，从“水桶”边缘的平台上收集这种蜡状油脂。在竞相采蜡的过程中，一些蜜蜂会掉进“水桶”底部的液体中。它们奋力挣扎，试图爬出去，但是它们发现“桶壁”太滑了，无法立足。最后，某只蜜蜂会发现“桶壁”上的突起，从而找到逃生之路。于是，其他蜜蜂很快就会拥挤到这条狭窄的自由之路上。在它们离开花朵前，含满花粉的花粉囊就会粘在它们的背上。

◀ 生活在澳大利亚的长吻袋貂在食用这种油桉花的花粉和花蜜时，它们的嘴上就沾满了花粉。

如果这些蜜蜂再次笨拙地掉入另一朵兰花的“水桶”中，并利用“桶壁”内的突起逃生，那么它们背上的花粉囊就会留在这朵花中。

囚禁中心

虽然兰花迫使蜜蜂为自己授粉的方式不太友好，但是与野蛮的海芋相比，兰花的行为实在算不了什么。海芋会设下陷阱诱捕授粉者，有时甚至会杀死授粉者。海芋利用苍蝇、甲虫这样的食腐昆虫作为自己的授粉者。它们通过骗术，把昆虫吸引到花朵前，让昆虫以为自己可以在花朵上获得食物。生长在科西嘉岛、撒丁岛和巴利阿里群岛上的白星海芋（俗称尸花），无论看上去还是闻起来，都像是一片腐烂的肉。生活在附近的丽蝇会把这种花朵当成可供它产卵的腐肉，从而被吸引过来。丽蝇飞到花朵上，很快就会发现一个通往花朵内部的入口。丽蝇以为自己找到了一条通往腐肉的道路，于是争先恐后地钻入洞中。可是，当它们钻进这条管道之后，首先遇到的是布满茸毛和棘刺的管壁，然后，它们经过雄花，再经过雌花，最终到达子房底部。

▲ 这种丝兰蛾和丝兰植物要完全依赖对方才能生存下来。丝兰蛾会把一个包裹好的、有黏性的花粉团放到花的子房中（这就是在给花授粉），然后在花粉旁边产下几枚卵。而孵化出来的丝兰蛾幼虫会吃掉植物的一些种子。

◀ 美丽的睡莲吸引着昆虫和人类的目光，但是从它们开放的那一刻起，它们就准备好了进行谋杀。像食蚜蝇这样的昆虫会落在雄蕊上，准备饱餐一顿花粉。不过，它们立刻就会发现自己身不由己地滑向一摊液体。食蚜蝇奋力挣扎，但最终只能精疲力竭地放弃抵抗，并淹死在液体中。而它们身上携带的其他睡莲的花粉就会使这一朵花受精。第二天，花儿再次开放，液体被藏了起来，雄蕊上依然铺满了花粉。

大开眼界

交配游戏

澳大利亚西部的铁锤兰会模仿等待交配的雌性黄蜂的外貌和气味。雄蜂在“雌性黄蜂”身上落下，并试图和它一起飞走，于是就触发了花朵内部的“铰链”装置，这种装置会拍打雄蜂，把花粉粘在它的背上。当这只雄蜂飞到下一朵花儿上时，下一朵花儿就会用同样的装置拾起黄蜂背上的花粉，从而使自己受精。

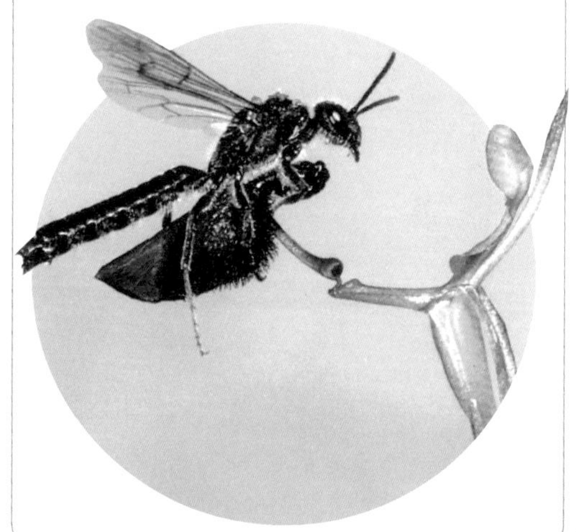

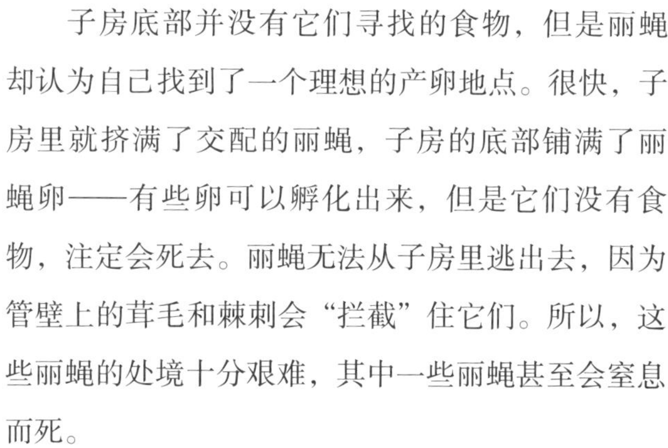

子房底部并没有它们寻找的食物，但是丽蝇却认为自己找到了一个理想的产卵地点。很快，子房里就挤满了交配的丽蝇，子房的底部铺满了丽蝇卵——有些卵可以孵化出来，但是它们没有食物，注定会死去。丽蝇无法从子房里逃出去，因为管壁上的茸毛和棘刺会“拦截”住它们。所以，这些丽蝇的处境十分艰难，其中一些丽蝇甚至会窒息而死。

丽蝇会被困在子房中大约一天的时间，然后，子房中的雌花就会制造出花蜜供丽蝇食用。通过这种方式，白星海芋的雌花就可以接受丽蝇在拜访上一朵海芋花时粘到的花粉。

▶ 落在这朵尸花上的蓝丽蝇认为自己找到了一片腐肉。当它们爬进“肉”中，却发现自己身陷囹圄。直到下面的雌花死去，上面的雄花把花粉撒在它们身上，它们才有可能幸存下来。生存下来的蓝丽蝇还会继续被另一朵尸花愚弄，进而完成授粉。

▲ 一群蜜蜂正聚集在特立尼达岛上的这株安祖花的肉穗花序之中。这种肉穗花序并不是一朵花，而是许多朵小花的聚集体。所以，这里有无穷无尽的花蜜可供蜜蜂享用。

一天以后，雌花枯萎，雄花成熟了。被困的丽蝇四处乱飞，身上沾满了雄花的花粉。不过，如果它们有幸活过花朵的这个生命阶段，就离自由不远了。很快，那些拦截它们的茸毛和棘刺就会萎蔫而死。

狡猾的花朵

设下陷阱或者杀死授粉者是花朵施予动物的最可怕的惩罚。然而，还有些植物会假扮成有交配意愿的伴侣来戏弄授粉者。兰花就是假扮高手。例如，那种吸引牛角蜂的兰花有一个毛茸茸的褐色平台，看上去就像一只雌蜂。这种兰花甚至还能制造出一种气味，闻起来就像是准备接受交配的雌蜂发出的信息素，于是雄蜂们纷纷飞来和“雌蜂”交配。当雄蜂落在“雌蜂”背上，想

◀ 一些水生植物的雄花就像漂流筏一样，向半露在水面上的雌花航行。雄花一旦遇到雌花，就会在水的表面张力的作用下，立刻挂在雌花的柱头上。

这只蕈蚊把这朵花瓣肥厚、散发着麝香气味的美洲野姜花，当成了腐烂的蘑菇。当蕈蚊四处移动寻找最佳产卵地点时，它们就把花粉传播出去了。

要与之交配时，雄蜂的体重和动作就会开启兰花的一个类似于铰链的装置，这种装置可以将花粉堆放在雄蜂头上。当雄蜂被下一朵兰花愚弄时，这朵兰花也会用同样的装置把雄蜂头顶的花粉拾起来。

这种行为严重打击了雄蜂的求偶积极性，但是由于每朵兰花发出的气味都不同，所以雄蜂们会继续被愚弄，把花粉从一朵花转移到另一朵花上。

果实

水果沙拉是令人类垂涎三尺的食品，也是野生动物们的饕餮大餐。但是，果盘中的那些多汁的球形果实并不仅仅是为了满足我们的食欲而生长的。每一枚果实都担负着散播种子的重任，它们那多汁的果肉通常被用来贿赂为它们传播种子的动物。

无论是面包师、鞋匠还是傻瓜，几乎所有人都喜欢吃植物的果实。如果没有几枚坚果或者柑橘作为礼物，圣诞老人的长袜似乎就不会那么令人激动。果实还有其他的用途。例如，风干的丝瓜（小黄瓜的近亲）常被用来在洗浴的时候擦身。

有一些植物的果实，比如大黄，并非真正意义上的果实，只是好吃的叶柄。虽然西红柿、黄瓜、南瓜、甜玉米、胡椒、茄子、西葫芦看上去不太像果实，但它们确实是。

从科学角度来讲，果实是花朵成熟的子房以及里面所包含的东西。在授粉之后，即花的子房中的卵细胞被来自花粉粒的雄性细胞授精之后，大部分花朵就会枯萎。但是，受精的卵细胞

▲ 南瓜和葫芦堆在一起，它们都属于葫芦科，都是在秋天收获的果实。葫芦科中还包括黄瓜、各种瓜类和西葫芦。

你知道吗？

大自然的恩赐

阿基果本来出产于几内亚，但是却在西印度群岛受到了人们的欢迎，并被广泛种植。西印度群岛的人们喜欢用熟透的阿基果果肉拌着咸鱼一起吃，味道很像炒鸡蛋。许多常见的果实最初都是野生的，而且只生长在特定的地方。例如，小黄瓜来自印度北部，石榴产自伊朗，西瓜产自中非。

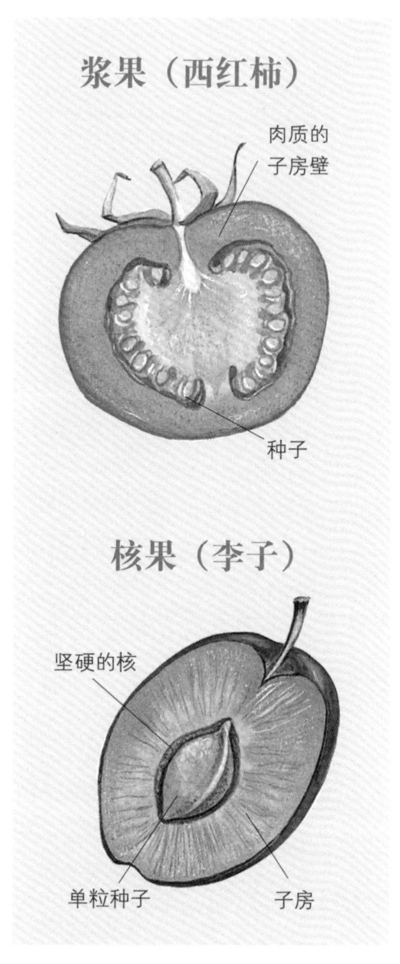

会长成种子，而包裹着它们的子房最终会变成果实。

有时候，水果是由花的另一部分形成的。例如，含有种子的苹果核才是真正的果实，而我们通常会食用包裹着果核的果肉，它们是由花托发育而成的。

果实鸡尾酒

果实可能是多汁的、肉质的、干的或木质的，并含有一粒或者多粒种子。它们生长在树上、灌木上、藤上——事实上，大多数种类的植物都会结果，以帮助它们散播种子。

果实主要有以下几种类型：

①浆果：浆果是一种肉质的果实，它的种子包裹在柔软的多浆果肉中。浆果在成熟时果皮不会开裂——它不会裂开并释放出种子。它的子房壁会变成肉质的果实，种子通常都深埋在浆状果肉之中。黑醋栗、红醋栗、西红柿、石榴、黄瓜、橘子、葡萄、鳄梨（俗称“牛油果”）、香蕉都是浆果。

◀ 图中没成熟的绿色咖啡浆果与成熟的红色咖啡浆果形成了鲜明的对比。咖啡的果实是一种浆果，每一颗浆果里都含有两粒种子或称咖啡豆，它们可以被烘烤、碾磨，并被制成芳香四溢的咖啡。

▲ 这些半透明的野生黄莓生长在芬兰的一个山区湿地中，和黑莓一样，它们也是由许多核果组成的聚合果，生活在北欧地区的人们会把这些价值很高的果实收集起来制作黄莓酱。

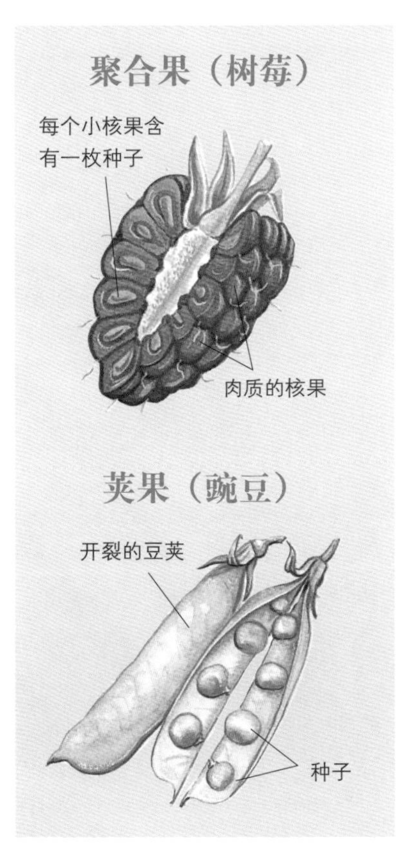

②核果：核果也是一种肉质果实，比如李子或者桃子，通常都含有一粒或者几粒种子——每一粒种子都包裹在坚硬的果核里，果核是子房壁的一部分。胡桃和杏也都是核果，它们的外层果皮会裂开并露出里面的核果，或称果仁。椰子也是一种核果，在它的子房壁外，有一层厚厚的纤维层。

③聚合果：黑莓和树莓都不是真正的浆果，而是在花托周围聚合的核果，这种果实叫作聚合果。它们的果实很复杂，是从一朵花的几个部位共同发育而来的。

④荚果：豌豆和大豆的种子都生长在豆荚里。实际上豆荚才是真正的果实，它是由子房发育形成的。豆荚会开裂（裂开并释放出里面的种子）。人们很喜欢吃豌豆，有时候也吃豆荚。

⑤坚果：橡果、榛果都是干的、木质的果实，它们都是从单个的子房发育而来的。这些果实的可食用部分是种

▶ 菠萝长在短短的叶状梗上，就像在图中这片种植园里看到的这样。它们原产于瓜达卢佩岛，如今在菲律宾被广泛种植。菠萝是一种复果，是由整个花序发育而成的。

子，它们通常包含在坚硬的子房（壳）中。真正的坚果果皮是不会开裂的。

⑥复果（聚花果）：菠萝、桑葚和玉米都是复果，它们是由整个花序发育而成的。

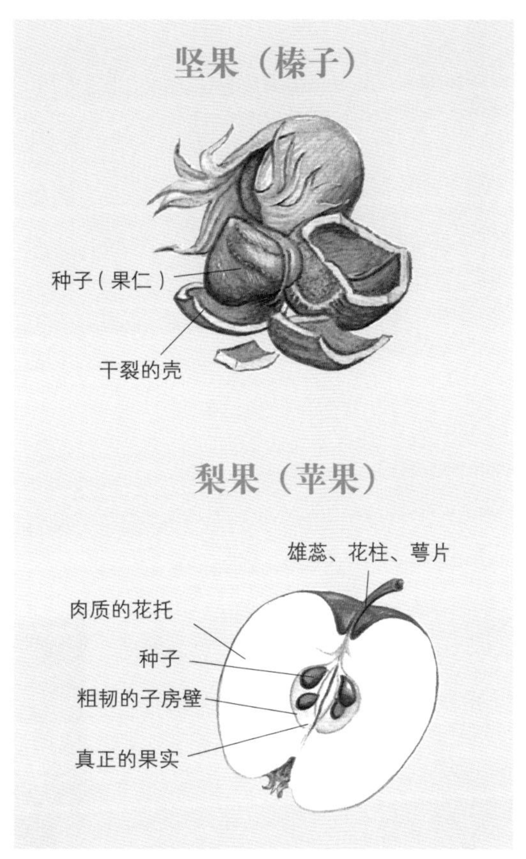

假果

还有一些植物的“果实”并不是从子房发育来的，而是从花朵的其他部分发育来的，这种果实叫作假果。

假果主要有以下几种类型：

①梨果：苹果和梨都是梨果，它们的子房壁很坚韧，会发育成果核，果核才是真正的果实。我们吃的外层果肉其实是膨大的花托。山楂也是一种假果，它们那木质的子房壁形成了坚硬的核。

▲ 在秋天，甜栗子掉落到地面上，它们多刺的外壳会裂开，露出有光泽的坚果。人们把它们采集起来，放在火上烘烤，或者塞进火鸡的肚子里一起烹饪。猪和其他的动物也会吃它们。

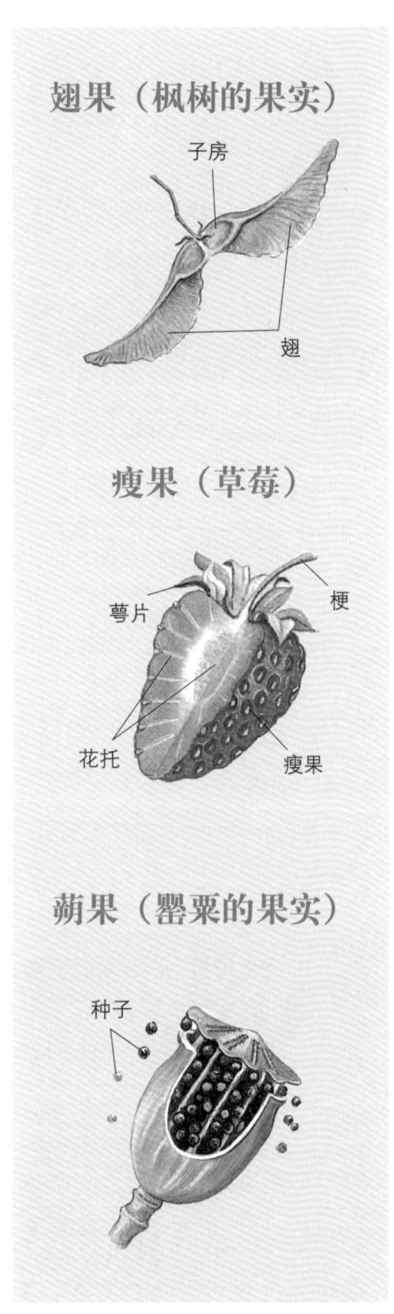

②瘦果：草莓是从膨大的多汁的花托发育而来的，它们的表面布满了种子——这些种子才是真正的果实，被称为瘦果。野玫瑰果和草莓都是肉质的、中空的花托，在它们的内表面上长着许多小小的果实。

不必结籽

一般来说，一朵花的子房会在受精后发育成果实，但有的时候，不需要受精也能结果——这会结出无籽的果实，或者种子不成熟的果实。爱吃水果的人都很喜欢无籽葡萄

▶ 香蕉会成串地生长，每一串都能长到很大。这些生长在塞舌尔的未成熟的香蕉就像手指一样朝上伸着，它们的末端有一朵栗色的雄花。在结出果实后，植株就会慢慢死去。成熟的香蕉通常会变黄——但也有一些香蕉会变红。

和无籽的葡萄柚，因为不会有籽粒硌到他们的牙齿。

当一条黄瓜自然长大后，它会结出外皮坚韧的种子，这使得果实的中心部位不能食用。所以，种植黄瓜的人会在雄性花蕊的花粉散落之前，把它摘下来，阻止授粉，这样同一植株上的雌花的子房就会发育成无籽黄瓜，就是在超市里出售的那种。

香蕉的结籽方式很独特。在野外，它们会结出坚韧的种子，但是人工培育出来的香蕉是无籽的——当你把香蕉切片后，只能看到一圈圈黑色小圆点，这就是种子遗留下来的全部痕迹。栽培新的香蕉植株，必须先从母株上切下来一部分，进行一模一样的“克隆”。

樱桃成熟

没有成熟的果实品尝起来通常是酸的，很不好吃。只有当种子发育完全后，果实才算成

你知道吗？

垂悬的熟食

非洲的香肠树被果实的重量压弯了腰。这些小串的神秘的“香肠”并不适合用油煎熟，夹在两片面包之间当作早餐，但是在一些古老的非洲传说中，它们具有药用功效和神奇的魔力。它们甚至会被添加到催情药中去。在乌干达，这些像“香肠”一样的果实被用来酿造美味的啤酒。在西非，人们认为它们可以治疗痢疾，另外它们还被当作能给人带来财富的护身符使用。

◀ 深红色的蔓越橘漂浮在被水淹没的田野上，加拿大的果农聚集在这里，用大大的筏子将它们从水面上捞起来，准备作为感恩节和圣诞节的美食。

▲ 无花果是中空的花托，在花托的内侧上长着雄花和雌花。它们由进去产卵的雌性黄蜂传粉。雄性黄蜂在无花果里面出生，在交配后就会死去。

▲ 成熟的多汁的果实会吸引动物——会散发气味的果实也一样。例如，猩猩很快就会找到散发着臭气的榴梿。这种臭气熏天的果实，被一些人认为是这个世界上最美味的水果。

熟，才会变得美味香甜。果实会通过改变颜色来宣告自己的成熟。许多水果，比如草莓和樱桃都会从绿变红，橙子和杏都会变成橘黄色，李子会变成紫色。有一些果实会变得非常甜，例如锡兰梅，据说它的甜度是蔗糖的 300 倍。在欧楂差不多快要腐烂的时候，人们才会吃它们——因为它们只有在变软、变成褐色并快要腐烂的时候，才能食用。

成熟的无花果和桃子会发出诱人的香味儿，香气会随着夏风飘到人们的鼻子中。其他一些果实，比如榴梿，简直臭气熏天。等到它们成熟之后，那强烈、难闻的气味会飘过 1 千米的距离，穿越东南亚的森林，诱惑着猩猩，因为猩猩喜欢吃这种食物。犀鸟和松鼠也都会被吸引过来，吃这些生长并悬挂在树上的果实。当它们掉落到地上后，大象、马来熊，甚至老虎，都会高兴地跑过来吃。

果蝠在夜里会追随某些果实散发出来的香气飞过去用餐。据说，鲜黄的热带无花果也能在夜晚吸引蝙蝠的注意。

种子

不管是像尘埃一样大小的谷粒，还是像獾类动物一样大小的海椰子，种子都是植物对未来的一种“投资”。但是，在它们能够奇迹般地让自己发芽、长成秧苗之前，它们可能不得不经历水、风、火、迸裂，或者被吞食等种种命运的考验。

花朵中的胚珠受精后，会生出种子——这是下一代植物生命的开始。有的种子很大，比如椰子；有的种子很小，比如兰花。种子必须散播到适合它们生长的地方，才能发芽，并长成一株新植物。

种子的结构

每一粒种子都有能够成长的胚芽和储存的养料，养料为胚芽的成长提供能量。种子的外面包裹着一层具有保护作用的坚硬“外衣”，被称为外种皮。

胚芽也有子叶。种子只有一片子叶的植物被称为单子叶植物；种子有两片子叶的植物被称为双子叶植物。

根本性的改变

在菜豆这样双子叶植物的种子中有胚芽。胚芽会生长，它包括胚根。胚根是一种幼嫩的根，朝下生长，汲取水分。幼芽则朝上生长，吸收空气和阳光。膨胀的子叶储存着养料，它为植物的生长提供能量。

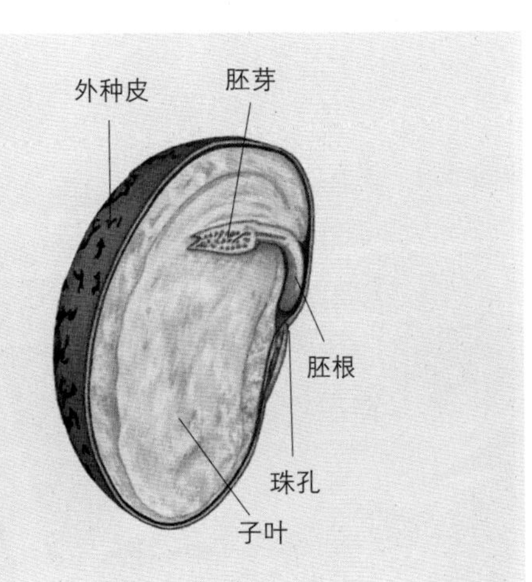

种子的养料储存在子叶中。例如，豌豆和大豆的子叶都很肿大，因为里面储存着养料。但是其他种子，比如大麦、小麦和玉米，养料都储存在胚乳（一种干粉状细胞）中。当谷类作物被收割后或者被碾磨时，人们就会将胚乳收集起来制成面粉，我们用面粉来制作各种食物。

从A到B

植物需要散播种子，最理想的方式当然是通过自身力量散播出去。通过散播，种子才能找到新的领地，避免在同一个地方过于拥挤，以及为争夺阳光和营养物质相互竞争。

植物散播（疏散）种子有很多方式。在种子的散播机制中，有四种主要的类型——风传播、动物传播、水传播、靠自身力量传播。借助这些方式，种子就传播到各个地方。

风传播：有一些植物的种子是靠风的力量传播的。枫树、悬铃木和其他一些树能结果，或者会长出有翼膜的种子。蒲公英、黄药子，以及其他一些植物的种子则通过羽状“降落伞”在风中飘浮。由于它们能够“飞翔”，所以种子在风中能够被传送到新的地方。罂粟和飞燕草的种子都藏在籽头中，当风吹过时，它们会在风中摇摆，然后种子就像做菜时抖胡椒粉一样，从籽头中被抖搂出去。

动物传播：许多植物都能引来动物为自己传播种子，尤其是哺乳动物和鸟雀。有一些植物利用饱满的、富有营养的果实或坚果引诱动物。野玫瑰果和草莓的种子很小，外皮坚硬，它们经过动物的消化系统，随着粪便丝毫无损地被排出动物体外。一般来说，当种子随着粪便被排出时，已经距离它们生长的地方很远了，而且它们往往和动物的粪便一起，被当作优质肥料撒

◀ 蒲公英的种子在风中飘浮。每一粒种子都有一个由细茸毛组成的小“降落伞”，能携带着种子飞很远。其他一些植物的种子没有这样复杂而精细的散播机制。

◀ 红翼鸫喜欢在长满浆果的灌木丛中觅食。通过鸟儿体内的砂囊（紧靠食道的胃部后面的肌肉小袋，含有从土壤中摄取的沙粒，用来帮助消化）的碾磨，或者内脏中的酸液的消化，种子坚硬的外壳就会被软化，一旦随着粪便排出，它们就会发芽。

进土里。李子和樱桃的种子较大，不能通过动物的肠道被排泄出来，因此，动物通常只吃柔软的果肉，而把坚硬的果壳或含有种子的内核扔掉，或者进行反刍。像刺豚鼠和松鸦这样的动物喜欢吃坚果。它们通常会把部分坚果埋藏起来，却又经常会忘记埋藏坚果的地方，于是，这些被遗忘的坚果可能就会在土里发芽，并长成新植物。紫杉和肉豆蔻的种子外面有一层额外的壳，被称为假种皮。这些假种皮一般颜色鲜艳、多肉，看起来就像果实一样。假种皮和水果一样，也会吸引动物前来吃掉种子。肉蔻香料就是用肉豆蔻的假种皮制作的。

有的植物不会用果实诱惑动物。牛筋草和牛蒡的种子都长在刺果中——表面有钩状物的蒴果，它们能牢牢附着在动物的皮毛上，或者当蔓生植物拂过它们时，就粘在蔓生植物的茎上。于是，它们就被动物或者蔓生植物带到一个新地方，最终落地、生根。

水传播：海大豆的豆荚很长，就像扫帚的手柄一样。成熟以后，它们就会落进河流中。有的种子搁浅在多泥的河岸上，有的则随河水流入大海中。当它们被海水冲上遥远的海岸后，就有可能会拓殖出一片新的领土。

椰子的外壳是多毛的纤维壳，具有浮力，如果它们落入海里，就能随海水漂流好几千米，然后被冲上海岸，并在新的海岸上生根发芽。

自动传播：大多数植物依靠自身的力量传播种子。在大多数情况下，它们需要有一套“进

你知道吗？

豆荚

金雀花的两瓣豆荚，如果一瓣比另一瓣干得快，就会由于失去水分慢慢收缩、变紧，并最终裂开。西藏的香脂冷杉的豆荚看起来就像英国警察头上戴的头盔，有时，它们会突然炸裂。当路过的动物偶尔触碰到这些成熟的豆荚时，它们就会“噼啪”一声裂开，并将里面的种子弹射到 5 米以外的地方。种子就借助这样的方式被散播出去。

发”（种子突然爆裂）机制，能令种子向四周散发出去。这种迸发的力量通常来自果实最外层——果壁。果壁干后会紧缩，并将最终裂开。例如，金雀花和羽扇豆在成熟后，会突然裂开，然后它们的种子就朝着四周散开。

▲ 在土壤被犁深耕之前，罂粟的种子会一直在土壤里休眠。被深耕出来之后，它们就会发芽、生长，并开出艳丽的花朵。这些罂粟花组成了一片花的海洋。

种子并不是散播出去就会生长。它们可能会在土壤里休眠（看起来像死了一样），直到条件适宜才开始发芽。只有当它们有足够的水、空气和温度时，才会苏醒过来。

▲ 这两个椰子被海水冲到海岸上，然后在沙质海岸上开始发芽。它们的纤维外壳多毛，具有浮力，能够在水上漂浮。海水能够将它们冲到各个地方。

豆荚的左右两瓣
分别呈盘卷状

扭曲迸裂

豌豆的豆荚成熟后，会扭曲、裂开，并将里面的种子（豌豆）朝四周弹射出去。金雀花的豆荚也会裂开。

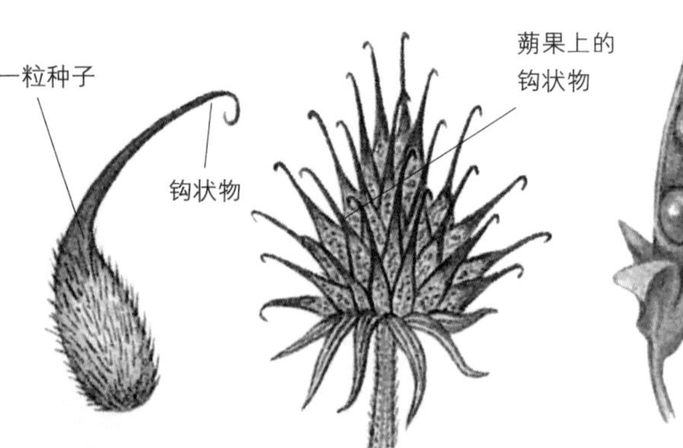

乘“电梯”

水杨梅的种子藏在钩状蒴果中。当动物从它们边上经过时，蒴果就会钩住动物的皮毛。牛蒡和牛筋草的种子也都是借助动物的皮毛被传播出去的。

如果大象吃了刺槐的籽皮，它的胃酸就会将籽皮中有害的甲虫卵杀死，随着大象的粪便排泄出来的种子就有可能会发芽。

“降落伞”和荚果

种子通过各种巧妙的方式被传播出去。超轻型的种子借助风的力量；较重的种子能够通过有力的“迸发”机制弹射出去；还有的种子则借助动物的皮毛或内肠被传播出去。

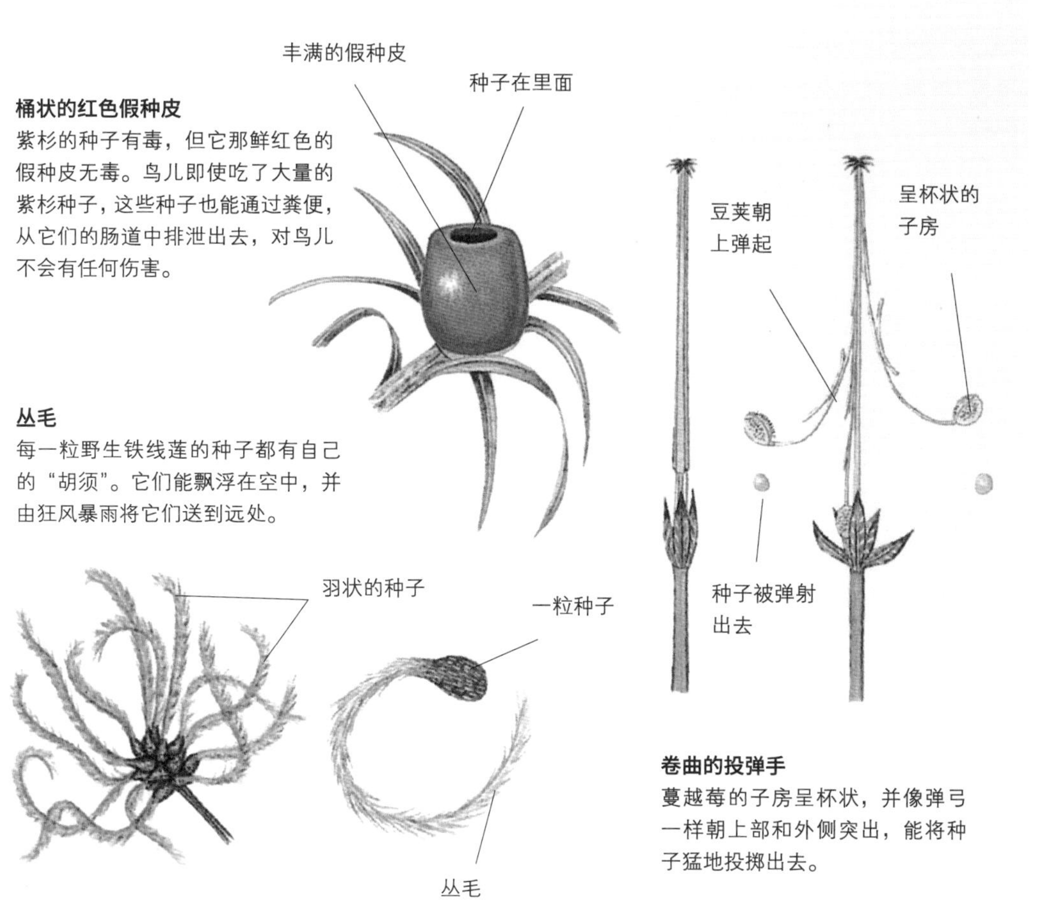

桶状的红色假种皮

紫杉的种子有毒，但它那鲜红色的假种皮无毒。鸟儿即使吃了大量的紫杉种子，这些种子也能通过粪便，从它们的肠道中排泄出去，对鸟儿不会有任何伤害。

丛毛

每一粒野生铁线莲的种子都有自己的“胡须”。它们能飘浮在空中，并由狂风暴雨将它们送到远处。

卷曲的投弹手

蔓越莓的子房呈杯状，并像弹弓一样朝上部和外侧突出，能将种子猛地投掷出去。

迷人的发芽

下面这一系列的图片分别显示了菜豆（左）和玉米（右）发芽的每一个阶段。

地上发芽

胚根伸入土壤，并长出根毛，汲取水分和矿物质。

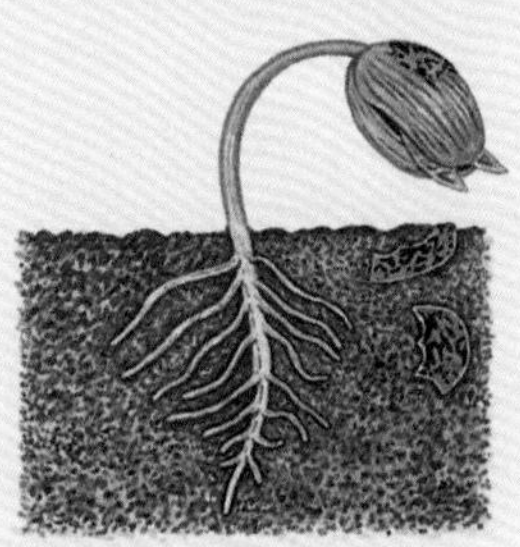

子叶伸出土壤，胚芽生长，并长出营养叶，外种皮脱落。

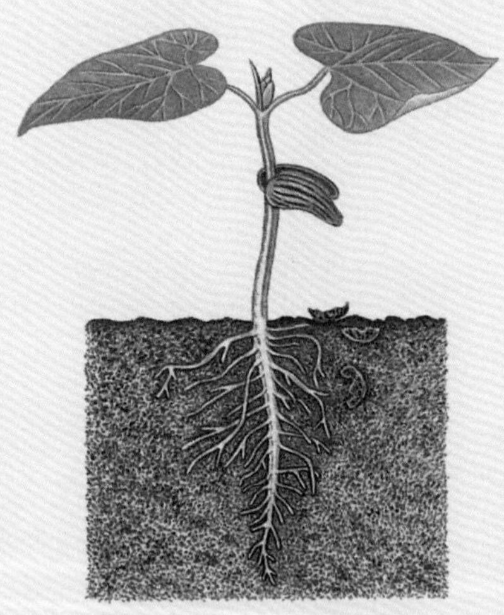

营养叶变绿，并进行光合作用，为植物的生长提供能量。当养料被用尽后，子叶脱落。

地下发芽

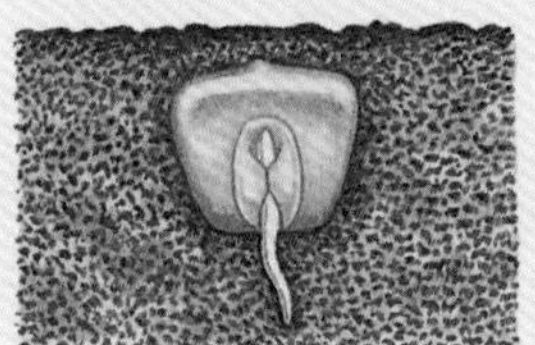

胚根在土壤中生长，并长出根系。

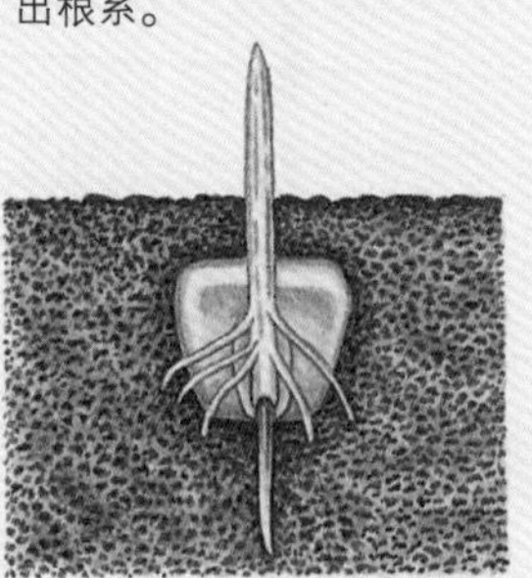

在被称为胚芽鞘的外壳的保护下，胚芽在土壤里生长。

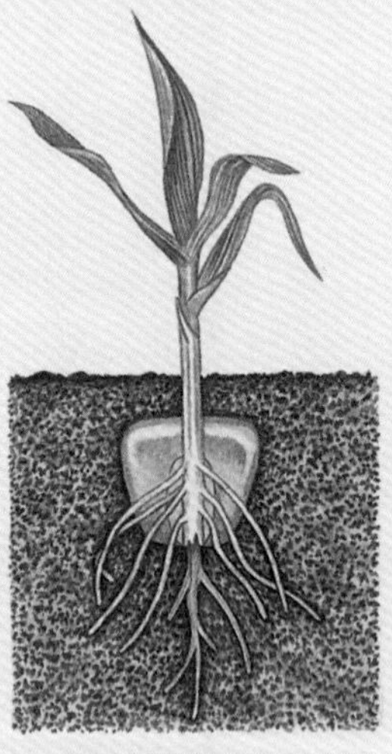

胚芽钻出土壤，并长成叶子，开始进行光合作用。

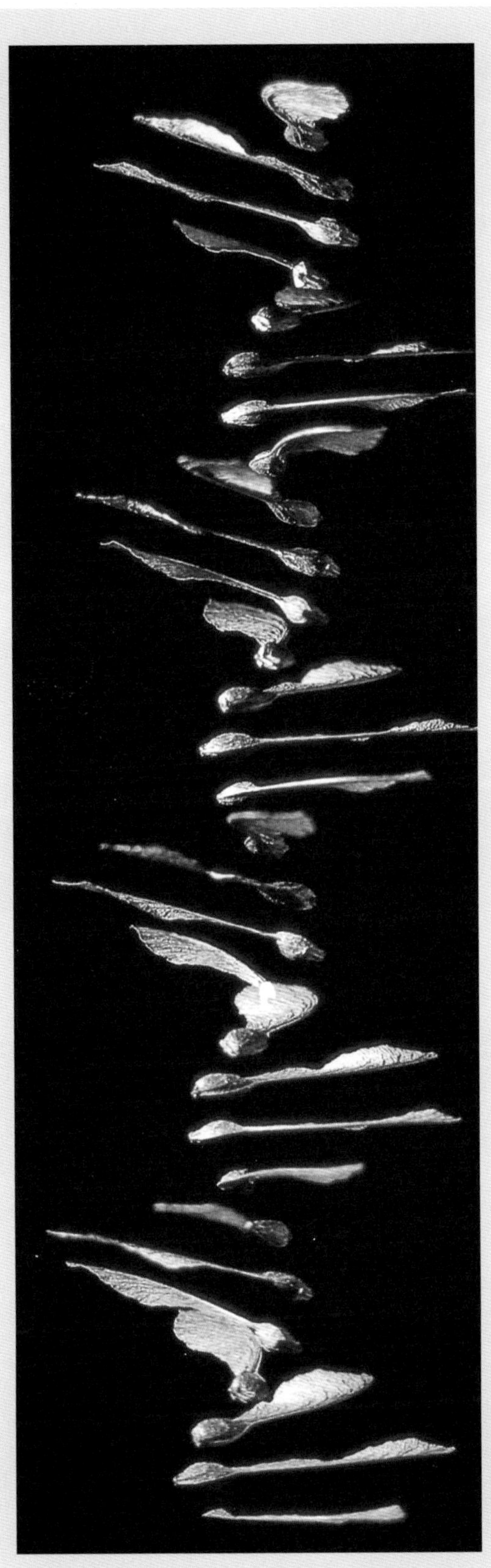

像螺旋一样落下的种子

像悬铃木、枫树和岑树这样的树木，它们的种子都长有翅膀。有一些种子会借助这些翅膀，滑翔到地面上。当它们缓慢降落时，会偏离树的方向。有的种子有两个长度不一样的翅膀，在降落时会旋转。悬铃木的种子只有一个翅膀，它们会慢慢旋转着，呈螺旋状地降落到地面。一阵风就能把它们带到很远的地方。

▲ 一场大火在澳大利亚的林区中蔓延，植物都燃烧起来。但是，山龙眼能抗火。实际上，山龙眼粗糙的籽皮只有在强烈的高温下才会裂开。然后，可能在籽皮中沉睡很多年的种子会落入地面的灰烬中，发芽、生长。

沙漠里的种子可能会在好几十年里处于休眠状态，直到阵雨来临。然后，当雨水一来，它们就开始发芽、生长，并在很短的时间里迅速结出种子。那些在深深的北极冰冻苔原地里休眠的羽扇豆的种子，在 1 万年后仍然能够成功地发芽、生长。1995 年，中国考古学家在 2000 年前的古墓中发现的西红柿种子，也被成功地培育出来。

当双子叶植物的种子通过一个小孔（珠孔）吸收水分后，就会膨胀。然后，胚芽利用储存在子叶中的养料开始生长。外种皮会变软，直到裂开，藏在外种皮里的种子就开始发芽，最后子叶伸出地面，这被称为地上发芽。地下发芽是像谷类作物这种单子叶植物的种子，在发芽的时候，子叶在土壤里。

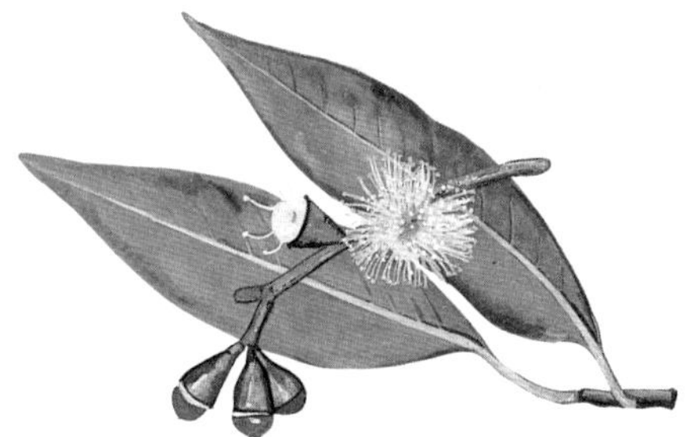

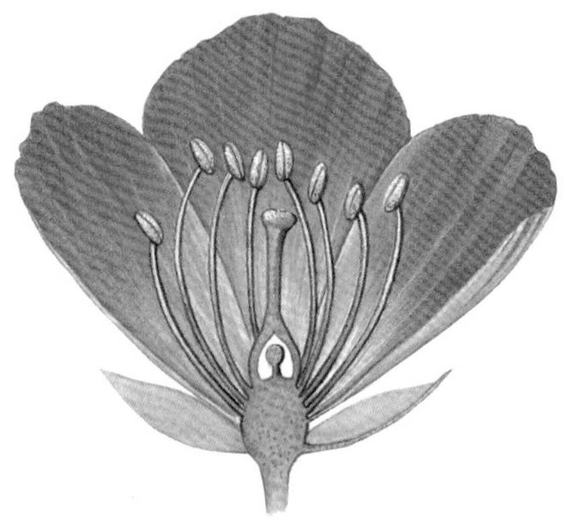